U0724248

只有努力
才能给你最大的
安全感

猫三思
编著

STRIVE

MAXIMAL

SENSE OF SECURITY

民主与建设出版社
· 北京 ·

© 民主与建设出版社，2024

图书在版编目(CIP)数据

只有努力才能给你最大的安全感／猫三思编著. — 北京：民主与建设出版社，2018.10（2024.6重印）

ISBN 978-7-5139-1941-8

Ⅰ.①只… Ⅱ.①猫… Ⅲ.①成功心理－通俗读物
Ⅳ.①B848.4-49

中国版本图书馆CIP数据核字（2018）第020476号

只有努力才能给你最大的安全感

ZHIYOU NULI CAINENG GEI NI ZUIDA DE ANQUANGAN

编　　著	猫三思	
责任编辑	王颂　　袁蕊	
出版发行	民主与建设出版社有限责任公司	
电　　话	（010）59417747　59419778	
社　　址	北京市海淀区西三环中路10号望海楼E座7层	
邮　　编	100142	
印　　刷	三河市同力彩印有限公司	
版　　次	2019年2月第1版	
印　　次	2024年6月第2次印刷	
开　　本	880mm×1230mm　　1/32	
印　　张	6	
字　　数	180千字	
书　　号	ISBN 978-7-5139-1941-8	
定　　价	48.00元	

注：如有印、装质量问题，请与出版社联系。

CONTENTS 目录

CHAPTER *03*
未来是你自己的，为自己而努力

CHAPTER *04*

勇敢踏出第一步，梦想便会离你更近

CHAPTER *05*

昂首挺胸，用力走过属于你的人生

CHAPTER 01

与其担心未来，
不如努力做好现在

尽管因为并不确切地知道未来会发生什么，

而感到迷茫和倦怠，

但只要坚定地做好现在的事情，

机会自然就来了。

如果看不清未来，那就努力做好现在。

把眼前的事情做好了，机会自然会来。

迷茫是生活的常态，很多时候，它只是才华配不上梦想而已。不要迷茫了，把当下的、手头的工作做到极致，前途必定会一片光明。请记住：如果需要反省，一定不是在梦想上下功夫徘徊不定，而是要在才华上卧薪尝胆，反思它为什么不能日渐丰满。

时间是检验努力的唯一标准

［01］

我和小马是一起长大的。

那一年，他从北京回家时，街坊邻居在他背后指指点点，"你看看他，穿的是什么啊，一副地痞流氓的样子，家里花了那么多钱让他到外地上大学，真是都白白浪费了。"

几个赤脚奔跑的小孩也前前后后地跟着他，好奇中藏着一丝丝崇拜，却装出一副副轻蔑的嘴脸，喊一句"臭流氓"，然后一哄而散。

小马从小就喜欢画画，他读书特别用功，每天早早地起床复习功课，晚上提前写完作业，便一个人躲在屋子里画画。考大学时，家里人都希望他上师范院校，毕业后当名教师，安安稳稳地过一生，而小马却坚持选择了美术学院。

毕业以后小马没有回家，留在北京做刺青师。当时家人极力反对，三姑六婆都认为他不务正业，每天轮流打长途电话劝阻。

可小马还是坚持了下来。

我问小马："你就这么有信心自己做刺青师能成功？"

小马淡淡地说："世界上不可能每个心怀梦想的人最终都能干出一番大事业，但每个小人物也都应该有点追求。大家都说，人没有梦想和咸鱼有什么两样，却又都过着咸鱼一般的生活。我很喜欢乔布斯的一句话——你的时间有限，所以不要为别人而活。不要让别人的意见左右自己内心的声音。"

去年小马回来的时候，已经是三家刺青店的老板了，在业内小有名气。

而那些流言蜚语也跟着慢慢消失了。

在疲惫的生活里，我们常常有了梦想却无法坚守，他人随手一盆冷水便浇灭了全部的热情，而真正的勇士却能用行动打破质疑，在生活中越挫越勇。

[02]

与佟丽娅的超高美誉度相比，陈思诚一直都是招黑体质。

观众不认可他的颜值，抨击他"又土又丑"配不上"女神"佟丽娅；不认可他的人品，谩骂他花心、没责任感；也不认可他的才华，他的处女座《北京爱情故事》热映后争议不断，甚至有传闻说他能顺利出品《北京爱情故事》是因为强大的家庭背景。

面对外界这样的压力，他并没有浪费时间去解释，而是将所有的精力投入于自己的梦想上。他说，我是真的有故事想讲，有这种冲动和欲望，想把自己的一些梦想拿出来和大家分享。

他开始沉迷在自己的电影世界里，揣摩每个角色、台词、剧情，召开一轮又一轮的剧本会，而后继续钻进各种书籍与影片里充电，不断地打磨自己的作品。

有人说，把眼前的事情做到极致，下一刻的美好便会自然呈现。

2015年年底，陈思诚自编自导的悬疑喜剧片上映后，获得了票房与口碑双丰收。

网友们的态度立刻从"陈思诚凭什么娶佟丽娅"转为"终于明白佟丽娅为什么选择陈思诚了"。

陈思诚说道："观众对我的印象，对我的感受是没有办法左右的，时间是检验真理的唯一标准。创作者唯一可以传递的还是他的作品和角色，我希望自己能用一生的时间给大家证明陈思诚是一个怎样的人。"

[03]

作为汽车发展较晚的国家，中国的汽车设计也常常得不到世界的认可。

当泛亚争取到了设计一台概念车用以展示未来一代别克设计语言的机会时，这对于曹敏和他的团队而言无疑是一个巨大的挑战。

一辆未来概念车的设计涵盖了庞杂的工作，不仅需要团队内部的协作，还需要与技术团队的磨合，二者缺一不可。

在设计过程中，曹敏与他的团队通宵达旦地将别克历史上所有的车型全都研究了一遍——哪一款是最经典、最漂亮的？这些车型有哪些特质？为什么是这个样子？

在一片质疑声中，曹敏与他的团队用沉默和努力打了一场漂亮的翻身仗，向世界证明中国人也能做出世界上最好、最安全、最美的设计。

当"别克未来"这款概念车在北美展出时，获得了国外很多消费者和媒体的赞誉。

上汽通用汽车泛亚设计团队也凭借几部作品的累积，以"别克未来"

概念车赢得了设计红点奖的肯定。

2017年12月31日，纪录片《上海100》播出了《设计未来》一集，展现了汽车设计领域的人与事。

别克品牌经历了百年风雨洗礼，离不开前赴后继、以灵感与实干谱写品牌发展乐章的汽车创作者们，他们也鲜活地展现了品牌生生不息的进取精神。

压力最大的时候，效率可能最高；最忙碌的时候，学的东西可能最多；最惬意的时候，往往是失败的开始。寒冷到了极致，太阳就要光临。成长不是靠时间，而是靠勤奋；感情不是靠缘分，而是靠珍惜；金钱不是靠积攒，而是靠投资；事业不是靠满足，而是靠踏实。

这个世界是永远比你想的更精彩的。不要败给生活。趁你还有时间，尽你最大的努力，做好你最想做的那件事，成为你最想成为的那种人，过你最想过的那种生活。

你之所以迷惘，是因为你还没开始努力

［01］

一妹子发短信给我，很长很长的一段话，说自己很笨，在读大二，不喜欢目前的专业，学不进去，做什么都没天赋，又找不到兴趣点，不知道从哪儿下手。不过她也有理想，不愿意这一辈子就这么庸庸碌碌地老去，她想挣很多很多的钱，想过更好的生活，更不想辜负对自己满怀信心的父母。她想知道，有什么办法，能改变自己，变成更好的人。

妹子用了很大的段落去叙述父母对她的期望，以及父母为了支撑这个家付出的辛酸苦楚。

她妈妈在超市做理货员，每天早上6点钟就要起床，走很远的路赶到超市上班，有时候要把大箱大箱的货物从仓库搬到店里，带点剩饭剩菜中午用微波炉加热凑合着吃。

她爸爸在偏远的乡下教书，周末才能回来一次，其余时间都待在学校里。

她爸妈省吃俭用，每个月打给她的生活费却从来不会少。

看到那些句子的时候，我鼻子突然就酸了，忍不住想到了自己的爸爸妈妈。

情感上产生了共鸣，我顺手点进去看了妹子的微博，两小时前，她发了一条关于某某明星的讨论，三小时前则是一条对某某韩剧的评论，以及各种笑话段子、自拍……发微博数量6000条。

我不是反对发微博，只是我一个玩微博3年的人，一共才发了600条，她居然发了6000条。

她不是迷茫，她知道自己的情况，有想要守护的人，也有想要捍卫的梦想，不安于平淡，却又不愿付出努力。

我一瞬间有点难过，难道父母用半辈子的烦琐庸碌，辛酸苦楚，换给她一段可以安静学习，不受物质所困扰的时光，不值得她付出一丁点的努力吗？

我不反对大家看韩剧，但我反对你一边大声嚷嚷着自己的梦想还很远，一边吐槽《太阳的后裔》剧情设置不合理。

我不反对大家用社交软件，但我反感你，一边刷屏聊天在朋友圈里发自拍，一边说找不到让自己变得更优秀的办法。

我不反对大家追星，但我不能忍受你一边花着父母的钱买天价演唱会门票，一边哭诉自己不够好辜负了爸妈的期望。

上帝给你的所有东西都是明码标价的，现在你浪费青春换来的片刻安逸，未来要用半辈子的辛苦劳作去偿还。

［02］

很多人都知道自己想要什么，也知道用哪种方法达成目的，只是迈不出那一步，同时还给自己找好多借口——没天赋，没毅力，不感兴趣……

一集韩剧一个小时，一般来说一部差不多有20集，看完10部韩剧，会用掉整整200个小时。这还不算在微博上、微信上评论剧情和人物形象，偶尔八卦一下明星私生活的时间。

打一局匹配游戏一般花45分钟，不过你当然不会只打一局。

看一期娱乐综艺节目一般一两个小时，你还会不断地刷微博，刷朋友圈。

看一本百万字的网络小说，怎么也得用上四五十个小时吧。

…………

说到这里，肯定很多人反对，说这是享受生活，这是娱乐方式，要有生活质量，不能活得太死板，否则人生多无趣啊。

只是我觉得，年轻的时候应该努力拼搏。

当然，喜欢安逸的生活也无可厚非，只是如果你真的安于平淡，就不要抱怨这样的人生太过乏味，距离曾经的梦想越来越远，想要守护的人愈发地老去。

既然你选择了在这个熙熙攘攘的闹市里过着舒适平淡的生活，就不要问我往哪儿走才能到达真正的屠龙之路，怎样才能留给世界一个遥不可及的背影。

一小时至少可以背熟30个单词，看10部韩剧的200小时，就可以背完6000个，四级考试大约只用考4500个单词，你口口声声哭诉着四六级没考，雅思没过，人生真是太艰难了，可是你有没有问过自己，你是真的在努力，还是仅仅感动了自己？

很多人早上赖被窝，睡懒觉，一起来就开始反省自己，又浪费了这么多时间，在心里和自己说，明天一定要早起，结果晚上11点，却把早上对自己说的话忘得一干二净，玩着手机刷着微博到深夜凌晨。

有个读者看到我去年的一篇文章，说是下定决心好好考研，每天早上5点在我微博里打卡说早安，到现在为止已经整整4个月了。

自律的生活，学习，看书，早起，背单词，都不会像你想象中的那么难，只是你如今有后路，生活尚未把你逼到那个份上，尚有人替你扛下所有的苦难。

[03]

生活还有后路，你的人生也还留有余地，所以你还能选择舒服地过着。

当你真的被生活逼得走投无路的时候，你还能继续看韩剧、玩游戏、刷微博和看段子的生活吗？

电影《当幸福来敲门》里的男主人公被逼得走投无路，没地方住的时候，带着自己儿子在地铁站的男厕所睡了一晚上。凌晨时分，有路人哐当哐当砸门想进来上厕所的时候，男主人公一手捂着儿子的耳朵怕吵到正在熟睡的儿子，一边害怕那扇门被砸开了。

很多人都说看到这一幕的时候哭了，可我一点都不同情男主人公。

为什么一定要到走投无路的时候，才想着去改变，在日子还可以的时候却选择了安逸？

妻子选择离开，去纽约找份新工作，妻子分明是爱着他和儿子的，却被生活压榨得惨不忍睹，每天要连续工作16个小时，甚至连房租都付不起。

即使他后来开了自己的证券公司，变成闪闪发光的人，也找不到那个爱着他的妻子了。

是啊，有人说，我们人生最差的结局也不过是大器晚成，可是我真的好害怕，在我们浪费时光等待大器晚成的时刻，一不小心丢掉了我们最珍贵的东西，甚至不能保护那些爱着我们的人。

谁都不知道，明天和意外哪个先来。

我只能希望你早一点长大，早一点觉悟，早一点担起生活的重任，早一点明白努力奋斗的意义。

当父母生病的时候，你不会因为没钱而窘迫害怕；

当你遇到喜欢的人的时候，不会因为面包而迫不得已放弃爱情；

人生从来没有后悔这个说法，只是有些东西错过了就变成了不能挽回的遗憾。

我好怕自己最后真的大器晚成，站在人群里闪闪发光的时候，那些我想要守护的人都不在了。

你有一丝一毫的懈怠，都是对爱的辜负。

人一旦开始走就停不下来了。现在开始像一棵胡乱生长的树，努力，迷茫。希望能有一根枝丫可以开出可爱的花朵，长出繁密的树荫，夏天给我遮太阳，秋天给我果子吃。自己做自己的树吧，这样也能给别人乘凉。

我们习惯把性格交给星座，把努力交给鸡汤，把考试交给锦鲤，然后对自己说"听说过很多道理，依然过不好这一生"。其实打从一开始，你就没想着去努力，你总是害怕做那些简单重复的事情，生怕自己多浪费一点精力，但极容易被我们忽视的一点是，所有成功的人，都是把最简单的事情做到了极致。不逼自己一把，你永远都不知道自己有多优秀。

有时候需要逼自己
一把，才会知道其实你可以

[01]

我最开始接触艾力时，是通过微博上的酷艾英语早起团。当时的我还不相信真的会有人自己出大把的钱来给持续早起、健身、读书的人送精致又免费的小礼物。

一开始我以为是土豪闲得没地方花钱，后来看到他出的一本书《你一年的8760小时》，里面有这样一段话："愿我所见之人，所历之事，哪怕因为我有一点点的好的改变，我就心满意足了。"

就是这样一个心怀善意的人，尽管作为新东方集团演讲师及集团培训师，收入不低，脚上穿的球鞋仍然是考上北大后妈妈送的礼物，电脑也是爸爸的遗物，天天背的双肩包是某次主办方送的嘉宾礼品，西服才两三百块，却愿意花费10万多元自费赠送礼物给网友。

这个时候我才将这个新疆小伙子区别于财大气粗的地主。

艾力，全名努尔艾力·阿不利孜，《超级演说家》《奇葩说》人气选手，新东方18 000名教师中12位集团演讲师之一，个人《酷艾英语》节目网络点击量超5000万。24岁时就成了新东方集团最年轻的集团演讲师，拥有八块腹肌和人鱼线。

24岁的我们还在干吗？上大学，找工作，上班，还是在家带孩子？

艾力年纪轻轻就如此成功，如此优秀，作为普通人家的孩子，我们的第一反应都是：我们穷其一生，可能都不会有这样大的成就，反正怎么努力也追不上了，男神基因那么好，我们还是得过且过吧。

可是男神一开始并不是受人瞩目的男神，他也曾经是个扔人堆里找不到的普通人，还是个追不到女生的180斤的胖子。

[02]

初中时候他胖得不行，追女生屡追屡败，屡败屡追。作为一个"资深"胖子，减肥谈何容易！不仅要靠运动，还要调节饮食。而作为一个在新疆长大的孩子，对肉类等高热量食物又情有独钟。

为了减肥，他下定决心将每周必吃一次的大盘鸡，控制到一顿都不吃，甚至连多吃一口冰淇淋都会产生罪恶感，每天坚持跑步40分钟以上，在健身房里接受魔鬼教练的摧残。坐火车时，甚至会在没有人经过的火车过道里做仰卧起坐和俯卧撑。

后来的后来，他忍受住了诱惑，靠着惊人的意志力，从原先180斤的胖子减肥成功为72公斤的拥有八块腹肌、人鱼线的男神。

而他所有关于英语方面的成就以及荣誉，都是靠自己一点一滴打拼出来的，并不是轻松地靠自己的英语天赋。

[03]

从18岁孤身一人来到离家3000多公里的北京求学，到现在7年的时间，期间还经历了父亲意外过世的打击。租房曾5次被拒，手机掉进过马桶，还被骗过钱，丢过护照。

为了养家糊口，他每天早上都是第一个到公司，加班到最后一个离开。甚至为了工作而住在办公室里，又因为太专注于工作总是错过吃饭，饿到胃痛时才想起来吃。

他一度连续工作10个小时，甚至发烧到40度时，为了不耽误工作，宁肯坚持到工作结束后才去看病，甚至在医院挂号排队的时候，还在懊悔生病耽误的工作如何在病好后补上。

说真的我没有想到过，艾力会为了自己的工作如此拼命，我也没想到过，看似轻松有趣的《酷艾英语》视频的背后要花费如此多的心血。

[04]

总共有52期的《酷艾英语》，总点击量超过5000万次，而每期视频播放时间只有5分钟。艾力为这个视频付出的时间远远超过5分钟。

为了不太麻烦剪辑师，每录制5分钟的课程，艾力都会提前把视频中的内容事先讲15~20遍，也就是说练习加上做PPT的时间，一共需要10小时的准备时间。这个过程的枯燥以及大量的重复性怕是常人难以忍受的。

而《酷艾英语》的视频，是借用其他老师录制收费课程的间隙录制的。因为不能占用早9点到晚9点的黄金时间，艾力只能选择大家下班后再过去，也就是说在大家都休息的时候，艾力还在录制视频，从晚上9点一直录到深夜两点。

[05]

在你们眼中，台上的艾力光芒万丈，聚光灯都紧紧跟随着他，似乎他天生就有演讲风范，似乎天生就是当英语培训师的命。

可他并不是大家想的这样，所有的成功并不是水到渠成。

一开始，他也是个一上台就容易紧张的人。为了克服自己性格里的懦弱，他几乎看了所有他能找得到的关于演讲之道、演讲技巧之类的书籍，以及几乎所有的名家演讲视频，反复观看，不断刻意练习，甚至还会把自己演讲中出现的错误用本子认真地记下来，不断进行纠正练习。

后来的后来，你也知道了，艾力站在了拥有成千上万的新东方"梦想之旅"系列演讲的现场。

[06]

畅销书《异类》的作者说过，人们眼中的天才之所以卓越不凡，并非天资超人一等，而是付出了持续不断的努力。

亚里士多德说过，我们每个人都是由自己一再重复的行为所铸造的。

训练艾力减肥的教练说过，"你真的想练肌肉吗？你要知道，想增肌到位，要感到痛才行，只有练到酸痛，晚上回去好好休息加上补充蛋白质，你的肌肉才能成长。如果没有痛感说明你今天根本没有练到位！"

我们习惯把性格交给星座，把努力交给鸡汤，把考试交给锦鲤，然后对自己说"听说过很多道理，依然过不好这一生"。其实打从一开始，你就没想着去努力，你总是害怕做那些简单重复的事情，生怕自己多浪费一点精力，但极容易被我们忽视的一点是，所有成功的人，都是把最简单的事情做到了极致。不逼自己一把，你永远都不知道自己有多优秀。

我们还有什么理由不努力？！

　　善于发现别人的优点，并把它转化成自己的长处，你就会成为聪明的人。善于把握人生的机遇，并把它转化成自己的机遇，你就会成为优秀的人。善于捕捉健康的元素，并把它转化成自己的幸福，你就会成为富有的人。借人之智，完善自己；学最好的别人，做最好的自己。

请不要在最能吃苦的时候选择安逸，没有几个人的青春是在红地毯上走过，既然梦想成为那个别人无法企及的人，就应该选择一条属于自己的道路，为了到达终点，付出别人无法企及的努力。

你是在空虚地安逸，还是在脚踏实地地努力

［01］

一早来到办公室，看到平日里元气满满的小美坐在自己位置上，眼睛愣愣地盯着电脑出神。

"哎，你怎么啦？一大早没精打采的，神游太空去啦？"我开个玩笑打破了沉默。

小美被我吓了一跳，转身一看是我，紧绷的神经立马松懈下来。

"没什么，就是心情不太好。"小美眼睛低垂，盯着地板慢悠悠地开口说，"突然不明白自己每天在干什么，忙忙碌碌像个陀螺，可是你要是问我每天都有什么收获，我一个也答不上来。"

小美是我同事，入职比我晚，在行政岗位上班。每天最早来办公室的人是她，烧水、扫地完后开始一天的工作。看她活力满满的少女样，似乎生活里的烦心事在她眼里都不是事儿。今天状态这么消沉，实在让我有些出乎意料。离上班还有段时间，我决定跟她聊聊。

"你这工作做得不挺好的嘛，跟大家相处得也不错，怎么突然会这

样想？"

"来这儿也一年多了，工作上越来越顺手，对周围环境也越来越熟悉，不知道为什么，人反而越来越不开心了。"小美一脸愁眉不展的样子，跟平日大大咧咧的她大相径庭。

"刚开始还好，毕竟没上手，每天都有新的收获。做到现在越来越没劲，每天重复收发文件，整理资料，跑腿打杂，越忙反而越空虚。"小美眼里写满了失望，看来这份工作真的做得很不开心。

"那你想干什么呢？辞职？"

"你别说，我最近还真在考虑辞职的事儿。"

我听了心里一惊。"如果辞职的话，你打算换个什么工作呢？"

"哎，就是不知道，所以才纠结啊。我工作经验少你是知道的，行政类工作是个人都能做，我又不想做这个工作了。"小美语气里满是无奈。

正聊着天，老总过来把小美叫走了，我们的谈话到此为止。

看着她远去的身影，我想起了刚步入社会的自己。

[02]

那时候大学刚毕业就来到了公司，虽然做的工作专业性较强，但做久了还是不可避免进入了倦怠期。

工作像游戏里的固定模式，选项配置早已人为设定好，我要做的就是循规蹈矩，按部就班地在固定的时间和节点去履行职责。生活就像透明玻璃瓶里的苍蝇，看似一片光明，实则无路可走。每天都在复制昨天，单调沉闷得像一个模子里刻出来的。那时候的我，套用现在的流行语来说——大写的迷茫。

有天跟老妈通电话，聊起初中的一个女同学，惊醒了我日益消沉的心。

跟我相比，她的人生可谓顺风顺水。知名财经类院校本科毕业后就考进了人民银行，虽然在小县城，胜在离家近。

得知她找了个好工作，大家都很是羡慕。相比一般银行任务重、压力大的特点，人行工作轻松，薪资又高。况且她爸是我们县人行的领导，就着这层关系她以后的路也好走得很。

没想到的是，工作两年后，她竟然辞了事业编制，回母校考研去了。且不说考研难度有多大，她有勇气辞去众人艳羡的铁饭碗就已足够让我刮目相看。

虽然平日里跟她联系不多，但是看她毕业一两年内发的朋友圈，还是可以感受到她发自心底的不开心。

其实作为同龄人来说，我挺理解她的。虽然工作不错，可毕竟在十八线小县城，一眼望到头的生活又怎么装得下她那颗想要高飞的心？

在很多人眼里，尤其是父母那一辈人眼中，女孩子有个稳定工作再好不过了。对象好找，工作清闲，以后有的是时间照顾家庭，打着灯笼难找的好事啊。虽然暂时屈居小县城，但以后有机会可以调动嘛。

可是她说辞职就辞职了。据老妈说，她家里就这事反对得很，多少人挤破头想找这样的工作找不来，她竟然主动放弃了。

那阵子她跟家里关系闹得特僵，甚至因为这事儿周末都不回家了。家里人看她态度坚决，只好松口说如果考得上就同意，不然就老老实实在单位待着。

她也争气，还真让她考上了。家里人没办法，只能同意了。

现在的她时不时发些校园生活的趣事，看得出来很满意如今的生活。虽然不知道以后她将何去何从，不过我想这样的女孩子在哪儿都能光芒万丈。

[03]

反观小美的朋友圈，每天被各种吃喝玩乐刷屏，我不禁多了几分感慨。

每个人似乎都对现在的生活心存不满，都想逃离困围自己的牢笼，可是知易行难。

有的人只是发发牢骚，抱怨完生活每天该怎么做还是怎么做，毫无进步。好比发誓要减肥，口号喊了千万遍，美食当前，心理防线顿时土崩瓦解。口号于他不过是一时兴起的自我暗示罢了，可是光喊口号能减肥吗？自己明明不甘臃肿，却又不好好努力，活该你瘦不下来。

真正想减肥的人不会整天把口号挂在嘴边，而是默默地在健身房里挥洒汗水。他们用毅力和行动证明着自己的决心。等你发现他减肥成效显著时，他已经破茧成蝶，蜕变成了一个更加优秀的自己。

李宗盛有句歌词写得好：当你发现时间是贼了，它早已偷光你的选择。今年快过半了，年初的目标实现了吗？对象找着没有？新技能学会没有？工作提升没有？不立即着手去行动，目标再宏伟远大也无济于事。

就像夏天在空调房里待久了不愿出去一样，人们习惯待在舒适区里懒得动弹，舍不得向外跨出哪怕一小步。勤奋小人儿和懒惰小人儿在脑海里乒乒乓乓打得不可开交，理智告诉你应该赶紧行动起来，身体上又贪恋这一刻的轻松舒适，而时间就在你抱怨焦虑的情绪中飞快溜走。

有时候越舒服越容易觉得心里空落落的，像缺了点什么；反而是做有意义的事情累到不行的时候，身体虽然精疲力竭，心情却是舒畅无比。

生存还是毁灭？莎士比亚提出了一个充满思考意义的命题。而对于生活，要么苟且，要么拼搏。你选哪个？

世间有两苦：一是得不到之苦，二是钟情之苦。在你付诸努力的前提下，把所有想得到的都当作一场赌，胜之坦然，败之淡然。好在这个年龄还具有一定的资本，我们可以卷土重来。世间最苦是钟情，如果在这时候还有这样的情愫，一定要像打扫灰尘一样，把它从心屋里清出去。

要么是虚度时光，要么是为情所伤，所以比我年纪小的人来问我如何排解焦虑这一问题的时候，我一般都说：找到你的兴趣爱好，然后从最基础做起，当你真正开始做一件事情的时候，你就不会被焦虑裹挟了。

想要缓解焦虑，唯有脚踏实地地努力

中国女排奥运会夺冠，沉寂了那么多年的"女排精神"又成了口头禅，但郎平教练也说过了，光凭精神没用，我们不要去设计冠军，而是一场场去拼就好了。

焦虑，不代表你努力。而努力，不一定能成功。

但若你不努力，不沉下心来目光坚定地往前走，那么你永远都没有机会获得成功……

所以，千万别忘了，你焦虑不代表你努力。

还是脚踏实地做点事情比较好。

[01]

那次旅行的第三天早晨，有位女朋友皱着眉头说："我昨晚上没睡好，总是在想事情……总是不由自主，怕有些事情没有处理好。"

我说："你知道自己的焦虑于事无补对吗？"

她点点头，但依然眉头紧锁。

旁边的几个人开始讨论如何放松身心——深呼吸，做瑜伽等等，说这样可以纾解焦虑……可见，我们多多少少都有焦虑的经历，或者，正在焦虑着。

缓解焦虑的方法我听说过很多个，效果如何，因人而异。

最根本的是，我们应该破除对焦虑的误解，让自己从心底从容起来。

焦虑是一种情绪，在我们的生活中已经非常常见了。

大学时代我有一段时间就非常焦虑——不知道以后是否能够从事喜欢的职业，不知道能否过上想要的生活，不知道正在写的那些文字是否有意义。

我有很多很多问题，没办法问别人，自己又找不到答案，所以有很长一段时间郁郁寡欢，不知如何是好。

不过当时还在校园里，环境单纯，压力小，好多时候我会去图书馆待着，看看书，我就会忘记很多事情，焦虑也会慢慢被内心的充盈代替。

这是我比较幸运的地方。

后来我接触过一些年轻的孩子，他们跟我情况相似，从大学时代甚至高中时代就开始因为想法多、个性强而产生焦虑情绪，无法排解各种纠结痛苦。

这其中当然有"为赋新词强说愁"的成分，但也有真实的因素，找不到排解方法的许多人，可能就会跟朋友各种玩，或者谈一场原本没有多么渴望的恋爱，希望以这样的方式来甩掉焦虑，但有一些，结果并不好——要么是虚度时光，要么是为情所伤，所以比我年纪小的人来问我如何排解焦虑这一问题的时候，我一般都说：找到你的兴趣爱好，然后从最基础做起，当你真正开始做一件事情的时候，你就不会被焦虑裹挟了。

最微小的事情，只要开始了，就是进步；而仅存于想法中时，那仅仅是情绪。

前者可以成为努力，而后者，不过是焦虑。

［02］

我有过非常焦虑的状态。

当时工作压力大，总是觉得责任重大，太多事情需要我处理，或者说，非我处理不可。

一开始干劲满满，动力十足，仿佛可以变成一个陀螺，不停地旋转也没问题。

渐渐地，动力减弱，身心很被动地持续紧张，尽管效率已经开始降低，整个人还在保持"满负荷"的状态。

到后来，我觉得我只是在用焦虑假装自己很努力，以此满足内心对自己的苛求——我一定要做到最完美，我一定要做到最好……那是非常痛苦的状态。

你明明知道自己的能力和动力已经达不到百分之百的状态，脑子还在不停地转着，一二三四五，不管是否能力所能及，全都要不停地想来想去，结果呢？

结果全都是痛苦。

当时我在做周报，每周四签版。签版日结束后，我们有一两天时间工作是不太紧张的，至少周末可以放松一下吧？

但焦虑状态的我，不是这样的。

我从在最后一个版面上签上自己的名字开始，就会非常焦虑：下期的选题在哪里？我还能找到这么好的专访对象吗？采访对象会配合我做出好的访问吗？……各种各样的问题不请自来，使我不得安宁。

你知道于事无补，可是你却停不下来。为什么？因为你想对你自己和全世界表明：我真的很努力啊！

我们有很多人是在把焦虑当作努力。

以为自己越焦虑，越忙碌，就是越努力，越成功。

而实际上，这真的是南辕北辙，事倍功半。

[03]

我有位朋友从事市场方面的工作，前些年做得风生水起，非常令人羡慕，既有很好的工作成绩，又热爱生活，喜欢喝茶，热爱手工，真的是我梦寐以求的状态。

很长时间不见，偶尔一次遇到了，就在一起喝了一杯茶。

不过是半小时的时间，他的电话响了几次，电话不响的时候，他也总是在皱着眉头不停地查看电话；

在聊着某个话题的时候，他突然就岔开了，问一个不知所以然的问题，然后再也回不到之前的话题上；

他总是不自觉地露出很紧张慌乱的表情，我问他是否有重要的事情不然我们改天再约，他却说并没有，只是在担心下属某件事情处理得怎么样了……

当你面对这样一个人的时候，自然是无心久坐的，叙叙旧的想法早就烟消云散。我更担心的是，他的状态实在太差了，这样的一个人回到家里，家里的人自然也跟着慌慌张张的，而且他的工作伙伴也会被搞得神经兮兮吧？

他说，不知是否年纪大了的缘故，近来睡眠质量越来越差，大把地掉头发。说这些的时候，他虽然是苦笑的，但其中不乏骄傲的意味："哎呀没办法，实在太忙了，脱不开身啊！"

可是跟他相熟的朋友说，他这两年的业绩并不好，公司的人际关系处理得也很不好，总是苛责别人做得不好，自己揽了很多事情却又处理不到位……他只是看起来很努力，而实际上，只是焦虑而已。

[04]

　　你仔细看一看就会发现，我们周围的人总是擅长焦虑，或者擅长着急，却并不是擅长真正认真、努力地做事情。

　　哪怕是规划时间这件小事，很多人都做得并不好，到最后急匆匆忙叨叨应付了事，结果能好到哪里去？

　　那天遇到一位有留学背景的白领，同我聊起曾经刷屏的那个生了四五个孩子还在不停读书进修的日本女性，他由衷地感慨了一句："除了其他客观条件，她应该有件非常重要的事情做得好——时间规划。"

　　时间规划得好，利用得好，我们可以多做、做好好多事情，这真的不容小觑。

　　突然想到一件小事。

　　在日本的一间瓷器店，一位中国老太太厉声催促正在给她包装商品的中国留学生："你快点吧，我们都赶不及了！"真的是厉声啊，声音大且刺耳，我本来在看茶具，却被吓了一跳。

　　我能理解那位阿姨的急迫心情，但听到她的话语后我的第一反应是：为什么不提前规划好时间呢？

　　把自己的不当转嫁到别人的身上本身已经是错误了，而以焦虑的态度对待别人，更是一种不尊重别人的表现。

　　这是题外话了。

　　克莱德先生有一段时间工作压力很大，晚上看资料到很晚，清晨天还未亮又捧着咖啡坐在电脑前，搞得我也跟着精神紧张。

　　偶尔一次我问他："你这样累不累啊？"

　　他叹口气："当然累啊。有时候觉得脑子里都已经不装东西了，看半天才能看懂一行……但是如果不看的话，就会觉得好多事情还没做完，也睡不好，索性就起来看吧。"

我劝他，工作之外，要有一些运动，让身体疲惫之后放松下来，晚上早点睡，哪怕是要看资料，也不要太晚，一定要适可而止；早晨起来，至少要慢慢地什么都不做地喝杯咖啡，让脑子放空一下，慢慢开始这一天的努力，而不是一下子就进入高速运转中开始自己一天的焦虑……

我们中国人向来讲究"老黄牛精神"，但你一定也听说过"老牛拉破车"，当一个人疲惫不堪、精神不济、超负荷运转的时候，能做的事情其实微乎其微，更多的只是在以焦虑情绪来假装在努力而已，而最后的结果若是不尽如人意，焦虑情绪就会更加重。这简直是个恶性循环。

[05]

当你觉得一件事情离开自己就无法运转的时候，就意味着，你出问题了——这是我在一本书中看到的一个观点，也是给我触动很深的一句话。

因为当时我已经走火入魔，觉得好多事情离开我都无法推进，所以虽然很疲惫，却仍然给自己揽了很多事情，当我无法完成得很好的时候，我就用紧锁眉头、长吁短叹来麻痹自己，让自己相信：我已经很努力了，我已经尽力了，结果这样我也没办法啊……

这真的是一种自我麻痹，甚至是在演戏给别人看。

我们明明可以做得更好，前提是，我们要放下焦虑。

这几年，我开始学会放下好多事情，工作有同事可以互相帮忙，孩子的好多事情也没必要那么紧张，家里的事情可以互相拜托，偶尔没有写出令自己很满意的文章，也没有关系啊，那就写一写那些不是多完美的言辞字句。

甚至不写也没什么啊，看看书，喝喝茶，听听音乐，不要让焦虑从心底升起，也是一种成功。

我已经过了"看起来很努力"的阶段。

我不需要向别人证明我多努力，我多出色，我更需要学会了解自己，学会调整情绪，与它相处，然后，我会努力成为更好的自己。

我们会觉得焦虑，无非是因为现在的我们与想象中的自己很有距离。打败焦虑的最好方法，就是去做那些让你不会感到焦虑的事情。不要问，不要等，不要犹豫，不要回头，既然你认准了这条路，就不要去打听要走多久。这是打败焦虑最好的方法。

生活，无须复杂，简单就足够了；人生的高度，一半始于个人努力，一半源自众多选择。人生，有时就在半梦半醒之间。真实的生活是：认真做好你分内每一天的事情，不纠缠于多余情绪和评断。

与其整日焦灼不安，
不如努力到让自己心安

有同学给我发邮件，诉说自己的各种困惑，大意是在老家的事业单位里无所事事，不喜欢目前的工作，却又不知道该喜欢什么。我回复：如果不甘心，就去学自己喜欢的东西，等待机会找适合自己的工作。

对方却满是忐忑和不安：可是学了就一定能找到工作吗？我喜欢英语，想做翻译，可是自己没有一点儿经验，就算把英语学得再好，如果没人要怎么办？我不是怕辛苦不愿意去学，而是我很害怕，英语专业毕业的那么多，自己学了之后，也许根本就没有用！

可是亲爱的啊，这个世界上，又有几个人能够保证，自己现在所做的任何决定、付出的任何努力，就一定能够得到未来想要的结果，就一定是自己理想中"有用"的呢？

我有个朋友S小姐，从小就喜欢日本动漫和日剧，常年熏陶下，能够听得懂大半的日语日常对话。大三的时候，她突然下定决心要学日语，当时我们都吓了一跳——为了更方便看动漫和日剧而学习日语，这个理由也未免过于牵强和不着调。

然而，她还是去报了日语学习班，本来喜欢赖床上抱着电脑追新番（日本最近出的动画）的她，一周三节课，一次也没缺过。我们起初都以为她只是一时兴起，却没有想到，她一直坚持到了大学毕业。毕业前，她去考了一次日语二级，没有通过。她也没有从事任何和日语有关的工作，回了老家，去了一家报社。

　　我以为她早已淡忘了日语，跟她打趣："你看看你，若是大学那两年没有抽风去学日语，把时间用在正经地方，现在说不定在读研究生或者已经有相处得很好的男朋友了。"没料到，她却回答："我一直都在学日语啊，毕业之后也没有间断过。"我不禁好奇："可是，你明明那么忙，不累吗？而且，有什么用呢？"她回："其实我没想太多。最开始，确实是因为想要追新番，可是学到后来，真的对这门语言感兴趣，就一直坚持了下来。至于有没有用，现在还没有想好。"

　　S小姐住在三线小城市，大概一整年，都不会见到一个日本人，当地也没有日资企业，花这么大力气学日语，做什么呢？我想，不管怎么说，学点儿东西总比打麻将好。但年底跟她联系，她却告诉我，已经申请了日本的大学，打算出国留学。

　　我震惊了："你居然自学到了可以申请学校的地步？"她笑："也不算完全自学，一直上课，只是需要平时多花点工夫。"我还是震惊："你哪儿来的钱？"她还是笑："我跟爸妈预支了我的嫁妆，工作两年自己也没有什么花费，都攒下来了，应该够了。"

　　我没有再问她为什么一定要去日本。只是我惊讶，一个姑娘，居然可以花5年的时间，不声不响，朝着自己的目标坚定地前行。这些年，有多少人劝阻过她呢？自诩为她好朋友的我，不也是告诉她，学日语没什么用吗？

　　她不知道自己需要用多久才能看得懂念得出那一个个陌生的单词，也不知道自己什么时候才能通过考试，拿到日本大学的申请，更不知道一心想要她嫁人的爸妈会不会同意把她的嫁妆钱拿出来供她留学。也许，她也同样不知道，自己到了日本后会有怎样的际遇，会不会顺利找到工作，能不能因此赚到更多的钱。

我还有个高中同学Y小姐，从高中的时候开始喜欢同班的W同学，追求了他整整4年。高中的时候，Y小姐每天早上给他买包子和豆浆；大学的时候不在一个城市，她拼命做家教发传单只为了攒钱买火车票去看他；甚至在他20岁生日的那天，她送给他整整一罐子的千纸鹤，每一张打开都是她记得的，有关她喜欢他的每一天……他很感动，但还是拒绝了她。

我问W同学，为什么？W同学的声音满是困惑："我也不知道，我只知道我对她没有动心的感觉。"整整4年的付出，只换来一句"没有动心的感觉"。他对她始终冷淡，经常不接她的电话，不回短信。她送他那么多礼物，他几乎都没有拆开过。就连去找他，他也满是生疏和客气，而最残忍的是，他一直单身。

我们都替Y小姐感到不值，从16岁到20岁，她为一个人付出了太多太多，几乎失去了自我，却仍旧是竹篮打水一场空。后来，他们去了同一个城市工作，我们都以为这次总算是修得正果，可是他们依旧是没有在一起。

我问Y小姐："是不是后悔了？"她却摇了摇头："对我而言，他是我一直不断向前的动力。因为喜欢他，总担心自己不够美不够好，所以拼命努力了这么多年，才修炼成今天这副走在大街上有回头率、在办公室里也能独当一面的样子。我等了他很多年，却也终于明白，感情的事勉强不了，以后，我不再等他了。"说罢，她又笑起来："就凭我，也不怕没有人追求。"

十几二十岁的时候，人总会格外迷茫。想要做某件事，不敢去尝试；喜欢某个人，也不敢去追。我们所担心的无非是，付出了满腔的热血和期待，却没有收获预料之中的结果。

我今年年初跳了一次槽。在别人眼中，我做得很不错，只花了一年时间就能够跳到业内前列的公司，可是我却整个人都陷入了无边无际的恐慌和焦虑当中。之前积累的知识和经验，在新的公司大都没有什么用处。而我在接触新的工作内容的时候，却发现自己知道的太少，了解得太少。

原本以为自己至少有点儿成绩，可是事实却给了我无情的打击，原来我仍旧是个新人。我迷茫，暴躁，整天情绪不佳，却又不知道该如何是好。有前辈劝我说，知道自己不足，就花时间多学一点儿啊，慢慢来就好。我却迟迟没有行动，因为心里头想的是，别人都在大步狂奔朝前跑，我现在回头去学习行业基础知识，有用吗？而迟疑的结果就是，在跳槽后的前几个月，我压根儿做不出任何东西。

过了好些时间，我才渐渐意识到，所谓的认为没有用，认为付出没有回报，都不过是急功近利的表现——期待着某天上天突然赐我天赋异禀，就足以担当大任，却不愿意脚踏实地去学习去积累。因为我觉得，那样太耗费时间；而最糟糕的是，有可能学了很多，也依然什么都不会。

可是，我们本来就无法预料，自己此时做的事情，能够对未来的方向和路途有多大帮助。我们也根本无从判断，在达到自己想要的目的之前，到底哪些努力是必需的，而哪些只是无用功。

说到底，我们都不过是普通人，没有足够的睿智去替自己挑一条没有曲折的康庄大道走，只能在不断地尝试不断地试错中回头重新开始，换得一点点的进步。唯一值得安慰的是，这个世界上，根本没有一无所获的付出。

我终于不再抱怨，开始看一本又一本的专业书，了解行业背景，多跟前辈请教和交流。我不会一日之间成为业内大神，可是这种踏实的成长，让我分外安心。

不要在意自己的付出什么时候会收到回报。你只要确定，这件事是你想做的，那就足够了。多思考，多行动，总比整日焦灼不安、无意义的迟疑和观望要好。

　　毕竟，我们所能拥有的，多不过付出的一切。

　　前进的路上，哪怕大雨浇湿全身，也不要停止奔跑。如果前方是堵墙，拼尽全力也要砸出一个洞钻过去。如果脚下没有路，踩着荆棘也要努力踩出一条路。

有一个道理永远是不会变的，就是你必须赚到足够令你安心的钱，才能让你和你身边的人过上自由的生活，才能令你在失恋时更加淡然……只有努力，才能让自己的世界安心。

受到命运的青睐，也在努力的意料之中

这几天，好些朋友来和我交流写文章的经验。我从两个月前开始在网上写文，第二篇文章就有幸上了微博热搜，转发破10万，后来陆陆续续写过一些转发很广的文章，前几天一篇文章仅在一个公众号上就已经点击破百万。我算蛮幸运的。于是不少人来问我，有什么心得吗？

我真的说不出什么来。讲来讲去，也就是"内容为王"和"很幸运"这两句话了。

其实，还有未曾说过的。比如，别人看到我写了短短两个月，就攒到了两万关注。只有我自己知道，我写了岂止两个月。我收到第一本样刊在2006年。到现在，满打满算12年了。这些年里，我收到的样刊摆满了书架。今年过年回家，我试图把新的样刊放进去，发现已经塞不下了。

可是，就像我会把样刊封存在角落里的书架一样，我一直忌讳说自己是个写作者。有亲戚朋友问起，我都只推说自己是写了玩玩的。其实我写得很认真，却不愿提及这份认真。因为我害怕，怕被问起笔名，对方得知后茫然地摇摇头，说没听说过。10年之间，我陆陆续续换了几个笔名，躲在无人知晓的一隅，写着无人问津的文字。

得知我在写文章的朋友们，最经常问的是："你出过书吗？"抱歉，没有。我想写长篇，编辑A对我说："你没有名气，所以你如果想写，我们只能让你为有名气的作者代笔。"我拒绝了。

后来在一家杂志连续发表了一些文章，编辑B跟我约长篇。我每天想情节想到深夜，几易其稿，好不容易折腾出详尽的人物设计和大纲给她，她却再也没跟我提过。这件事就此被搁置了。

我想出一本自己的短篇小说合集，把十几篇文章发给编辑C，C对我说："你粉丝不够多，我们要慎重考虑。"一考虑就是大半年，毫无音信。过了很久后我再问她，这才得知，她一直晾着我的稿子，还没有送审。

有一个因为写作而认识的朋友，走红了。有一天，我突然想起之前每天都在朋友圈发自拍的他，似乎销声匿迹了。我好奇地点进他的头像，发现里面什么消息都没有，只有一条浅灰色的横线，休止符一样。我这才知道，原来他已经屏蔽了我，或者删除了我。

遭到冷遇的经历，三言两语难以言尽。可是说真的，即使时时碰壁，我也从没有想过要停笔。

其实，我是一个挺务实的人，甚至有点功利。但是对文字，我却有着超乎寻常的耐心。我不敢说"十年如一日"，但过去的这些年里，哪怕我知道再怎么写可能都摆脱不了小透明的命运，哪怕我知道自己可以拿写文的时间去做性价比更高的事情，我也从来没想过要放弃。

印象最深刻的高中时代，我租住在学校附近，学业任务繁重，自然没有人支持我写东西，于是我就偷偷地写。那时候我还没有笔记本电脑，便跟闺蜜借电脑，顶着冬日刺骨的寒风，骑车去附近大学的自习室，一个人一写就是一整天。听着键盘被敲击时发出的微弱响声，我会有一种莫名的满足感。

我随时随地将生活中的故事记录下来，即使最后大部分没能成为素材，现在看着那些生活记录，仍会有一种"噢！我原来还经历过这样的事情"的奇妙感慨。

寂寂无闻的漫长岁月里，我靠着一份愚钝的热爱，一直坚持到现在。如果说两个月攒到两万关注是幸运的，那如果把战线拉长到12年，或许就没多少人会羡慕我了吧？

去年在中国台湾，我遇到一个身障者。他在人烟稀少的山上开了一家餐饮店，从当初的无人问津，做到如今风生水起，很多文人雅士慕名来访。记者的长枪短炮架在他的面前，问他是如何做出这个传奇品牌的。他说了这样一句话：做就对了，做久了就对了。

人人羡慕他的幸运，才开餐厅没几年就备受关注。谁曾知晓，起步阶段，所有事情都要他一个行动不便的身障者亲力亲为，甚至连抽水马桶都要亲自刷。他特地用手机拍下被自己打扫得光洁如新的坐便器，投影到屏幕上，在分享会上，乐呵呵地说："辛苦，但心不苦！"我竟然听得鼻子泛酸。

还遇到一个即将退休的导演，他说的两句话，让我印象极深。他说："喜欢什么，就把它玩下去，玩一辈子，就对了。"他还说："要有耐心、恒心。"每当想起这句话时，我心中总是涌起一阵感动。他的话，对每一个追梦的人来说，都是慰藉，也是鼓舞。

我的云盘里，有个文件夹叫"英雄梦想"，里面存放着我曾经写过的所有文字，有被录用的，有被拒稿的，林林总总，许许多多。

杜拉斯有这样一句话——爱之于我，不是肌肤之亲，不是一蔬一饭。它是一种不死的欲望，是疲惫生活中的英雄梦想。

我把文字当作我疲惫生活里的英雄梦想。它曾经是藏在书柜里无人看见的小小梦想，如今是被小小的一撮人订阅着的小小梦想。即使只是这样小小的成绩，我也深感自己非常幸运。因为这世上一定还有很多比我还努力的人，获得的关注却寥寥无几。

我有一个好朋友，19岁就出了第一本书，可以说是幸运儿。可是鲜有人知，她是在实习上下班的地铁上，写完了这本书的。

我有一个喜欢的作者，几年前，她的第一职业是会计师事务所的审计师，工作忙碌，但她一直坚持写作，甚至有时候地铁上挤得连座位都没有，她就站着抱着电脑打字。

这样的人，受到命运的青睐，也在意料之中。

我看过一个朋友的采访，当时他所在的团队拿了一个全国性比赛的金奖，采访者问他们为什么能取得这样的好成绩，他们归结于"幸运"。于是，采访者写下了这样一段话——幸运，从来都是强者的谦辞。每个幸运者的背后，都有着与幸运无关的故事。

我非常钦佩那些靠努力付出得来成绩，却愿意归功于走运的人。他们很少在朋友圈发一些自怜求安慰的内容，心无怨尤，往往默默地把事给做了，而且从不沾沾自喜。他们没有人定胜天的骄横，对生活永远抱着一种感激的、谦卑的心情。就算有天生幸运，也只有这样的人，才承受得起此等幸运吧。

有句话说，你只有足够努力，才能看起来毫不费力。而我想说，你只有足够努力，才有机会拥有好运气。

每个人生命里都会有那么一个人，让自己期待新一天的到来。人生如戏，演技全靠你自己。也许，风雨过后没有期待已久的彩虹；也许，努力过后没能得到相应的回报，可毕竟我们都曾努力过。或许彩虹已不远，回报也在前方不远处等着你。美好的一天从相信明天会更好开始！

我和你一样，都是容易害怕的人。好多事我们以为是退一步海阔天空，可是退的次数太多，就把什么都退没了。你那么怕输，等你的只会是苦果，与其每天担心未来，不如努力做好现在。别对读书丧失信心，成长的路上，只有奋斗才能给你最大的安全感。

既然选择了远方，就要义无反顾地走下去

一步一步往上爬，爬上几十年，我就不信一定爬不上金字塔。

这世界上我最崇拜的只有一种人，就是那类本身不聪明，但认定了目标就一往无前、选择了远方就义无反顾的人。

[01]

我大概一天会收到十几条短信，内容各不相同，却表达着一个主旨——想要变成更好更优秀的人，却不知道如何去做、怎么开始，想要变得更厉害，却又总是懒惰。

从现在开始努力，一切都不晚，就算养猪，养十几年，那也一定能变成养猪大户啊。

高中的时候，隔壁班有个男孩子，成绩忽好忽坏，好的时候能冲进年级前十，差的时候掉到年级三四百开外。班主任找他谈话，他坦白说，自己不想读书了，想回家养猪。

说实话，在当时的那个人人以考大学为目标，不读书就是没前途的年代，高中生回家养猪这样的消息，对我们来说，无疑是惊天地泣鬼神一样的新闻。

各科老师都苦口婆心地游说他，让他安心学习，别一天到晚胡思乱想。

"我们家穷，我现在回家养猪，我确定以后能让家里富起来，我喜欢养猪。你们能保证只要我在这儿读书，就一定有一个好未来吗？"

他说得掷地有声，老师们哑口无言。

后来他义无反顾地回家养猪去了，据说后来开了一家大型养猪场，养的都是野猪，过年的时候还给以前的班主任、各科老师送野猪肉呢。

所有即将要中考高考的学生们，请你们别再发短信给我，问我要怎么努力，怎么防止消极罢工，未来的路怎么走……

我到现在也没混成人生赢家，我也不知道你的未来怎么走，说到底，你的一辈子终究是你自己在过。

要么，你就下定决心去养猪；要么，能提高一分是一分，能多背一个单词是一个单词。

从现在开始刷卷子，一丝不苟，孜孜不倦，一直刷到高考来临，只要你坚持，一切都还来得及。

怕什么进步缓慢，进一寸是进一寸的欢喜。

［02］

世界上没有任何一件事情，你能一下子就做得很好，当然除非你是天才。

我最喜欢的影视剧人物是《士兵突击》里的许三多，他不聪明，有点呆呆傻傻的。但凡是他决定去做的，就一定坚持到最后；凡是他认为是对的，就从来不曾犹豫过。他或许起点很低，起步很晚，但他绝不迷茫，绝不后退。

许三多被分配到茫茫大草原，看守无人经过的驻地，知道自己踢正步不好，就每天一个人练啊练，伴着朝阳，伴着落日，他知道总有一天能练好。

他觉得修路是有意义的事，就开始一块石头一块石头地搬，总有一天那条路能修好。

许三多最开始进钢七连的时候，所有的考核成绩全连倒数第一，除了踢正步。他唯一能做的，就是把被子洒上水，这样内务得分就会高。

在很多人看来，许三多就是蠢得不行，啥都不会。

就算到最后，他进了老A，那他也只变成了一个更厉害的兵而已。

但我就是喜欢他，有一段时间甚至一度想要嫁一个许三多一样的人，不过至今没遇到，大概是人品不好吧。

这茫茫人海，大千世界，聪明的人很多，我不愿你聪明，只愿你坚持。

[03]

如果你坚持钻研一件事10年，不说大成就，也肯定会有你想要的收获。

但我们大多数人，总是想要找到一条捷径，更快更迅速地登上顶峰。

其实不用10年那么久，如果你愿意静下心来，一点一点地积累，两三年就会有效果。

不过这个社会，愿意静下心来的人太少了，多数人的状态是焦虑、浮躁，自以为聪明绝顶，自以为是国家栋梁，自以为是寻不到伯乐的千里马，不想付出努力，又想有伟大成就。

"为什么你写的东西有人看？"

"怎么才能让别人关注我？怎么才能写出好文章呢？"

"我文笔不好，要怎么办才能提高？"

问我这些问题的人屡见不鲜，只是你们真的不知道该怎么办吗？你们真的需要我指导吗？

你们写了三五千字，就想一举成名，想要我给你们一种更简单的方法，是不是把这个世界想得太简单了呢？

我从来都不觉得自己有天赋，第一次接触写作，也只是单纯地为了赚钱，做枪手写网文。

我是2015年5月注册简书的，陆陆续续写了五万多字，如今也有人开始找我谈出版，也成了签约作者，但一直到现在，我都觉得自己不够格，文笔一般，内容一般，这一切都让我觉得是莫大的幸运。

我也有自己喜欢的作家，心里也一直想超越他，现在似乎遥不可及，但是我相信，我一直写，一直写，10年之后，20年之后，直到他老得写不动了，我总能追上他。毕竟他比我老，从现在开始追，还不算晚。

如果真的一辈子都追不上，那我至少超越了前一天的自己。

如果你也喜欢写作，从现在开始，一直写，一直写，你也一定有机会超越某个人。

[04]

小胖是我见过长得帅的男孩子里，最拼的一个。

暑假我打工的时候，他说他在工地上搬砖，电话里也依旧能听出笑意。

小胖人帅，长得高，向他表白的女生排着队，他从来不接受。我打趣他，问他是不是喜欢汉子。

他总是一脸无辜地和我说，他没时间谈恋爱。

不过他确实很忙，忙着看书，忙着考双学位，忙着接私活做编程，忙着打工做兼职挣钱。

他的目标很坚定，所有的时间都用来挣钱，并一直朝着这个目标前进着。

有次我问他，为什么这么拼。

他给我讲了个故事，他说小时候他家很穷，每天都吃炕土豆，他最喜欢去学校吃饭，因为是营养餐，很丰富，有肉有菜还有汤，吃完还发一罐酸奶。

有天隔壁家炖了一锅牛肉，闻着特别香。当时他妈特别馋，不过还是低头吃碗里的炕土豆。

他妈特想去买牛肉炖着吃，却始终舍不得花钱，隔壁家那锅牛肉却在他妈记忆里印了半辈子。

他本来可以不在学校吃的，但当时他叫嚷着："大家都吃学校的营养餐，我也一定要吃。"

交给学校5天的伙食费，够她妈买好几锅牛肉了。

有天他妈笑着把这件事情讲出来，他当时心里很难受。从小到大，他妈从来没亏待他，但凡他想要的，他妈都尽最大努力给他最好的，他妈只是一直都在亏待自己罢了。

他妈总说想四处走走，看看外面的世界，却一辈子都没走出过他们那个小县城。他想多攒点钱，带他妈去看世界。

[05]

这个世界不美好，但是它值得我们为之奋斗。因为在这个世界上，有我们在乎的人。为了那些爱我们的人而努力奋斗，这是人生最好的状态。

说实话，我真的没时间去抱怨，没时间迷茫，没时间犹豫不决。

我出身于社会底层，早就见惯了人情冷暖。

小时候我家在农村，当时和大姑家关系最好，大姑家在城里，每次进城，我妈都会背一大袋子自己种的菜到大姑家。

有一次大姑家集体要出远门，找不到人看家，就让我妈过去帮忙照看。

我妈带着我，住到大姑家。每次去菜市场买菜，我妈都要感慨，城里菜卖得真贵，不知道为什么，那时候我就是特讨厌大姑家的人，大概是因为我妈种地太辛苦，他们吃得太心安理得。

每当我妈感慨城里菜卖得贵的时候，我总是调皮地说："谁让你非要给她家看门！"

紧接着就是一顿"糖炒栗子"，不过我妈舍不得真打我，每次都是做做样子吓唬我。

一个星期后，大姑他们一家回来了。

不过前一天，他们家的一只鸡被黄鼠狼叼走了。说实话，我以前一直觉得黄鼠狼是书里的，那次居然真的看到一只。

大姑当时没说什么，我们也就回去了。

只是过了几天，我突然发现我妈坐在桌子边上哭，问了半天，我妈才肯张嘴，原来大姑在背后和所有亲戚说，我妈给他家看门的时候偷吃了她家一只鸡。

一只鸡，如今肯德基麦当劳遍地都是，可能你会觉得难以想象，这个故事荒谬不堪。

但我永远都会记得，我妈因为受了委屈双眼通红，却又不敢哭得太大声，不断地哽咽着的场景。

到现在我都不喜欢我大姑，每次见到她时都会表情冷冷的，因为我真的没有办法对那些伤害过我家人的人笑脸相对。

让我一直努力，不断奋进，不敢有一丝一毫的松懈，使自己变得更优秀的，是爱与善良。

至少我要变得很厉害，才能不让我妈受一点委屈。

我不知道你在哪里，做着什么事情，是不是受了委屈，过得是否顺心如意，但我知道你也一定有着一个想要守护的人。

愿你不浪费时光，不虚度现在，不恐惧未来；愿你坚定不移，勇往直前，在满是荆棘的人生里唱出绝响。

每个人都应该把自己当作品牌来经营，你的每一次亮相、说过的每一句话、做过的每一件事，上面都标记着你自己的logo（标识）。10年之后，你究竟是香奈儿还是路边摊，都是自己造就的。不奢望这一辈子有多成功，但是不断地提升自己，你才配拥有更好的。在我们的字典里：要阳光，要奋斗，要温暖，要努力让身边的一切因你而更美好；影响他人，先点亮自己！

每天清晨，记得早起，努力追逐第一缕阳光，因为今天是我们余下的生命中最年轻的一天。自己选的就向前走，再苦再累也别停下。这一生认真努力工作，坚持锻炼身体，心安理得生活。

卓越无极限，我们怎能轻易停下脚步

坦白讲，作为一个自视有些清高的人，能让我从内心深处满怀敬意的人并不多。但其中一位貌似平凡的老师，却给我的青春，留下了难忘的记忆。

我的母校乌鲁木齐一中坐落在市中心最繁华的地带，占地面积不大，知名度却很高。

清晨，阳光一点点地洒进校园，绿草上挂着露珠，校道上空无一人，却从球场里传来一阵阵篮球拍打地面的声音，打球的是一位男子，穿着洗得有些旧却十分整洁的运动衣，一米八的个子，在孤单的球场上显得格外显眼。这就是我的数学老师陈老师。我读高中的时候，他已经将近50岁，在所有教我的老师里最年长。来到这所学校近20年，他一直保持着比保洁大妈还早到的纪录。

1个小时后出现在课堂上时，他已经换上了一身笔挺的西装。站在台上，举止行事像极了英国绅士，连身上那种傲慢劲也像。"各位同学，你们学习好与不好，和我一点关系都没有。我任教这么多年已经不需要你们的成绩来证明我有多优秀了，我教的学生遍布世界各地，哈佛、耶鲁，你们要认识到，你们坐在这里，并不是为了我学习。"这老师真有腔调，我在心里默默地想着。

他接着说道："你们要知道，初中毕业代表着你们九年义务教育结束了。高中时，还想着为父母学、为老师学是幼稚的。要记住，从现在开始，你们只为一个人学习，那就是你自己。"说完这句话，他优雅地转过身，不依靠尺子和圆规画出了一个标准的坐标系和一个接近完美的圆。就这样我开始了高中第一节数学课，知识点我想不起来了，却为他的风度折服至今。

在当时的乌鲁木齐一中，陈老师有大量女性拥趸，女学生、女老师都仰慕他。他却从不为这万千爱慕所迷惑，对自己始终保持严格的要求，这种严格到了近乎变态的程度。别的老师休息时都在斗地主、嗑瓜子，这位全校数一数二的特级老师，却依然埋头研究着教学理论。除了认真工作，他还始终坚持每天锻炼、健身、读书，岁月并没有在他的身上留下过多印记。

高考前最后一堂课，陈老师讲完考试的注意事项，用严肃又慈爱的眼神看着我们："孩子们，你们马上就要结束一段旅程，踏入一段新的旅程。人生的路很长很长。作为我的学生，不管你们以后在哪里在做什么，我希望你们始终都能保持一种不断向上的追求，希望你们牢牢记住'求上者居中，求中者居下，求下者则不入流'。"

后来，我走出家乡，看到了更大的世界，认识了更多优秀的人。比起那些成功者身上夺目的光彩，陈老师的生活似乎显得普通和平凡。可生活原本平凡，我们所要做的，就是从平凡中寻找不平凡。他做到了。

从他身上，我体会到：人活着，就要不断前行，在任何环境下都要保持自己的追求。有人说，一个男人变老的两大标志是不断后退的发际线和不断增长的腰围。其实，一个人真正变老的标志是，他觉得人生一眼望得到头，不会再有改变，于是放弃了学习，放弃了提升自己。

长大之后，我遇到过很多"活死人"，他们也让我一度觉得就这么行尸走肉般活着也是一种生活方式，这就是人们常说的"妥协"，或者说"求安稳，别瞎想"。

幸运的是，我身边有很多不甘心"英年早逝"的人，在不断的折腾中，打磨出了生命的精彩。比如不在乎输赢只是认真做手机的罗永浩，成立新精英帮助无数人规划职场的古典，他们都曾是新东方的优秀教师，在自己的专业领域取得傲人成绩后，又在其他战场上所向披靡。

我在新东方任教已经5年，在这样一个大公司里上班，想要见传说中的俞敏洪老师一面并不容易。成为集团演讲师后，我才有了更多的机会和他一起工作。

有一次和俞老师去兰州演讲，坐的是早班机。刚上飞机时，大家还有些精神，有人拿出电脑工作。过了一会儿，困意来袭，不少人开始睡觉。我也感到有些疲惫，听着音乐闭目养神，毕竟下了飞机还有几场演讲要做，要保持兴奋的状态。迷迷糊糊正要睡着，我看到俞老师拿出电脑，开始处理一些工作。一觉醒来，他仍然盯着一份文件，不时快速敲击着键盘。

近两年，包括哈佛、耶鲁在内的美国顶尖大学，陆续设立网络学习平台——MOOC，在网上提供免费课程，让每个人都有机会免费获得高品质教育。MOOC目前还在探索阶段，国内还没有学校较大范围地尝试MOOC教学。

在外地出差的时候，我们坐在一辆颠簸的汽车上，俞老师用电脑回复了一些工作邮件，然后就在网上查找关于MOOC的信息和资料。一边查资料，俞老师一边问我："艾力，你对MOOC的想法是什么？"

表达了自己的观点后，他告诉我，从最初为了生存创办新东方，到新东方今天成为国内最大的教育机构，市场利益已经不是考虑的重点了。现在他更专注于教育本身，希望把优质的教育资源免费分享给所有人。

去年冬天，一次滑雪时，俞老师意外摔断了腿，每天都只能坐轮椅出行。几个月的恢复期，新东方的每次重要会议，他都坚持出席，其他工作也一点没耽误。他甚至还挺开心地说，这下总算有理由推掉没必要的商业活动，专注于改善教育本身了。

在很多人眼里，经过20多年的奋斗，俞老师已经完全可以坐拥新东方的辉煌，好好享受人生了，但他却丝毫没有停下前进的脚步，每天6点起床，晚上12点睡觉，平均工作时间10个小时以上。在教育事业的道路上，他还在不断向前开拓、探索。

对于他而言，成功与幸福都不再是目的地，他始终行走在追求更好的道路上。没有最优秀，只有更优秀。

比我们更牛的人还在不断努力，卓越无极限，我们怎能轻易停下脚步？

承受的磨难那么多，经受的失败那么惨烈，当它们一点点地铺展在面前的时候，你会看到行程的颠沛、前途的渺茫。可还是要一步一个脚印地走下去，哪怕你等不到破茧成蝶的那一天，因为你如果不去努力做一个茧，就注定没有成为蝶的机会。

02

梦想不是空谈，
成功靠的是行动

无论是梦想还是目标，
都是很容易制定的，
难的是付诸行动。
梦想和目标都可以坐下来用脑子去想，
但实现它们却需要扎扎实实的行动，
只有行动才能化目标为现实。

面对梦想，怀有务实的心态，
付诸实践，才能让你的梦想不成为空谈。

梦想被确定期限，就变成目标；目标经过分解，就变成计划；计划经过行动，就变成现实。成功的程序，起初就是梦想。因为梦想，我们走进成功的圈子，拥有成功的思想，继而养成成功的习惯，最终品尝成功的果实。

对你的梦想，请不要太敷衍

马云曾经说过这么一句话："梦想还是要有的，万一实现了呢？"

这句话鼓舞多少人燃起了胸口的梦想，当我们摩拳擦掌积极投身事业大干一场的时候，没想到巨大的阻碍却如影随形。

这个阻碍就是：我已经很努力了，可为何不见任何效果呢？

[方向不对，越努力越迷茫]

近年来我发现一个现象，那就是前来学会计的学员人数与日俱增，然而我不得不说的是，并不是所有的人都适合学会计。

有句俗话说得好，"不要在兔子身上挤奶"。

这句话可以引申出各种诠释，在梦想的层面上，我觉得可以套用这个格式换个说法，那就是"不要指望在别人理想的土壤中结出自己的果实"。

记得去年夏天的时候，班里来了位穿着夸张的女孩儿，我下课的时候走过去和她聊了会儿，原来她自己报考的是室内设计专业，但她的父母很强势，觉得设计不靠谱，并且听说设计师有时为了赶工加班加点是常事儿，所以他们觉得女孩子家的不要活得那么累，还是换一个稳妥的工作比较好。

想来想去，家里人觉得还是会计好，所以给她做主报了这边的培训班学习。

通过聊天，我发现了一个事实，这个女孩现阶段根本不适合学会计。因为最关键的问题在于，这份理想更像是她父母的理想，并不是她主动选择的方向。

如此前提下的努力，又怎么会有理想的结果呢？

我后来建议这个女孩回去和父母开诚布公地好好谈一次，把自己真实的学习状态以及内心的想法告诉他们，否则如果继续这样表演下去，耽误的可是自己大好的青春年华啊。

有句话是这样说的："方向不对，永远追逐不到你想要的，便会迷茫。"

[警惕无效的努力]

1. 不要沉溺于给你带来虚荣的事情里。

上学那会儿我们班里有一个同学写字特别好看，在我们看来如苦役一般的抄写在他看来不仅不苦，反而还是一种享受。

这还不算，他竟然喜欢上了抄书的感觉，每次抄完书之后都会把本子交给老师，老师自然对他夸奖有加，并号召我们全班同学向他学习。

然而就是这位字写得特别好看的同学，后来成绩却严重下滑。

时隔多年我们才想明白，他写字好看这件事能给他带来巨大的满足感，而由于他太容易沉浸在这种满足感里面，所以也就渐渐忘记了自己为什么抄书这件事情。

可能他刚开始抄书是为了加强记忆，但很显然，加强记忆未必非要采用抄书的手段，背书也可以达到同样的效果；另外从时间来看，抄书占用了他大量的时间，所以自然就没有多少时间用来复习做题，成绩自然就会下滑。

对于这种努力，我的观点是以结果为导向。

如果你立志成为书法家，那就专心练字；但如果想提高成绩，倒是可以把抄书放一放。

2. 不要低估成功之前艰苦卓绝的积累与努力，更不要试图寻求所谓的捷径。

有很多人问我，如何用最短的时间成为财务高手？

其实我想很多人都听过一个理论，叫作"一万小时理论"。也就是说，想成为一个领域的行家、能手，至少要经过一万小时专注不懈的努力。

如果你每天在这件事情上坚持4个小时，那就意味着要2500天，差不多要7年左右的时间。

而如果这7年之间你并没有持续努力，而是经常给自己放大假，一放就是个把月那么长，那么你可以重新计算下，到底要多少年才能达到你期望的高度？

我们总喜欢羡慕别人，但不要忘记了，别人今天看似毫不费力取得的成绩，背后无一例外都是经过了艰苦卓绝持续多年的努力。他们之所以不渲染不鼓吹，是因为在他们那里，这种努力是一种生活常态，他们已经将这份坚持形成了习惯，像每天吃饭穿衣那样自然。

3. 不要在一些小事中过于追求完美，要学会适当放下。

比如在公众号初期，我花了很多时间研究花式排版，也用过不少微信编辑器，但后来我发现这种事情太耗费精力了，因为我是原创公众号，保证文章的质量和数量才是我的重点，所以后来我渐渐放下了对排版方面近似苛刻的要求。

如今我找到了一个助手，业余时间帮我排版、发布文章以及回答简单的问题，而我主要的精力则放在写文章、回答读者的提问、职业咨询以及有价值的互动上。

记得圈里的朋友小米说过这样一句话，大致意思是"那些你不肯舍弃的能力，终有一天将成为你的负累"。

想做成一件事情，必须要学会站在一个更高的格局上俯视它，必要的时候找人一起合作，而不是将自己深陷其中，贪图做好每一个细节，这样反而会阻碍你的成长。

4. 打造自己的稀缺性，不要试图把自己培养成一名"全能手"。

还记得我开始写公众号没多久的时候，出现过几篇传播率不错的文章，接着就有各种编辑找到我，和我谈出书的事情。

一开始我兴奋异常，按照对方要求写稿发文给他们审阅，然后还要花大量的时间和他们谈条件，然而问题在于，我并不是全职作者，我还有自己的工作，业余时间还要写作，另外我对出书这件事情完全茫然，到底谈怎样的条件也一无所知，如果从头学起，将耗费我大量的时间。

我想了想，我的长处不在谈判上，所以我需要寻求专业人士的帮助。

机缘巧合之下，我认识了如今的经纪人。

当时也有一些朋友说我傻，有了经纪人之后，利润是要和对方分的。

但我认为，正是因为对方分钱，所以对方才可能把我的事情当作自己的事情去费心去把关。另外这位经纪人确实很负责任，我的第一本书从选题到找出版社到后来的目录他都费了不少力，平时有问题给他留言，他基本上可以做到"秒回"，一路给了我很多帮助。

有位大师曾经说过："最糟糕的就是把根本不重要的事情做得非常好。"

我们必须学会聪明地努力，这样才能早日取得美好的收获。

李嘉诚说，"当我骑自行车时，别人说路途太远，根本不可能到达目的地，我没理，半道上我换成小轿车；当我开小轿车时，别人说，小伙子，再往前开就是悬崖峭壁，没路了，我没理，继续往前开，开到悬崖峭壁我换飞机了，结果我到了任何我想去的地方。"梦想，不是让人觉得如何，而是让生命更加有意义！

人生的状态，和修养有关，有梦想，才是人生更为丰富的充盈方式。而这些，都远比物质本身来得重要。少一点物质占有，多一些精神体验。提升审美意境，内心回归平静。不怕错过什么，也不担心失去什么，这才是人生最好的状态，也是极简的一种方法。

每一个梦想，都值得灌溉

如果一个只有初中文化，连话都说不清楚的20岁出头的脑瘫小伙子对别人说他最大的梦想就是开3家公司，每家公司盈利达1000万元人民币以上，并毫不掩饰地说他的偶像就是马云，不知道会有多少人会相信他，而且不去质疑和嘲笑他。

这是3月26日晚上中央电视台《向幸福出发》节目一个嘉宾的故事。这位小伙子名字叫赵月凯，是山东枣庄凯达科技有限公司的创办人，也是中国电池宝领导品牌的发明者，两项国家专利获得者。这位小伙子在节目中，最让我印象深刻的是他始终面带微笑，非常乐观积极，而且不管主持人问他什么问题，他都始终非常坦诚直率地回答，没有那么多顾忌，没有那么多扭捏。就像被问及自己的梦想和偶像一样，他回答得坦率而直截了当。我相信很多人面对全国观众的时候，是不敢大声说出自己的梦想的，也有人即便是愿意说，也会瞻前顾后怕自己做不到所以有所顾虑，可是，他的话语却字字铿锵有力，毫不迟疑。

说实在的，我最佩服的不是他拥有多么远大的理想或者多么宏大的目标，而是他的这种坦诚和勇敢。我们都知道，现实生活中，当有人敢于当众说出自己拥有什么梦想的时候，尤其是那些比较难以实现的梦想时，有大把的人会觉得这个人不切实际、好高骛远，甚至是不知天高地厚，以至于敢于说出梦想的人，常常是要遭到质疑和嘲笑的。

几年前，我到瑶乡旅游，遇到一个人，他是一个聋哑人，在他年轻的时候，他和同龄人比画着说他喜欢村里的一个女孩子，没有一个人觉得他正常，都笑他是癞蛤蟆想吃天鹅肉，很多人甚至嘲笑他说他这辈子都不可能有人愿意嫁给他。可是，在他26岁的时候，他真的迎娶了他当年比画着说喜欢的那个女孩子。后来，有人问那个女孩，为什么一个好端端的姑娘家愿意嫁给一个聋哑人，这个女孩子的回答令所有人瞠目结舌。她说："每一个有梦想的人都应该被尊重，聋哑人也是一样，我喜欢的就是他的勇敢和自信。"事实证明，这个姑娘的选择是对的。后来这个聋哑人通过参加乡里组织的残疾人技能培训，不仅学会了在当地非常吃香的竹制品编织手艺，还成为当地经营竹制品致富的带头人。更让人羡慕的是，这个聋哑人不仅和妻子把生意经营得有声有色，还在事业有成的同时生了一对龙凤胎，生活过得甜甜蜜蜜。

所以，不要轻易嘲笑每一个有梦想的人，没准人家哪天就实现梦想了呢。即便人家可能很长一段时间都实现不了，或者是达不到预期目标，那又怎么样，至少人家还有梦想，还在为梦想努力着，而嘲笑他的很多人呢？

我记得几年前当我还在某一个城区工作的时候，我参加过一次读书征文比赛，我的文章因为写得好，曾一度被质疑是抄袭，就连评委都在全公司员工参加的大会上提出来，说这篇文章如果真的是作者原创，势必是一篇佳作。当时，很多人跑来问我是不是真的是我写的。而我的文章，其中一位评委私下和我说，本来是打算评一等奖的，但是一些评委担心是抄袭，为了保守起见，最后给了我第二名的成绩。我至今对这个事情仍然记忆犹新。而就在去年，我参加全市征文比赛，还同样因为写得不错被质疑抄袭，后来评审小组派人专门核查，觉得确实是我原创，才给评了一等奖。没错，现实的社会就是这样的。当你做得差的时候，别人会觉得你水平太差，对你不屑一顾；而当你真的做得不错，甚至优于别人的时候，大把的人就开始觉得那是不可能的，然后开始质疑甚至攻击你。

梦想也是这样的，当一个看起来非常平凡的人能够有着不平凡的梦想，甚至能够实现梦想的时候，总是会遇到很大的阻力，这其中，最让人觉得心寒的，大概就是质疑和嘲笑了。但是，仔细想想，如果一个人连梦想都不敢有，会不会活得更像是苟且偷生呢？

著名歌手刘若英有一首歌，名字叫《最好的未来》，里面的歌词这样写道："每一个人，都有权利期待……每个梦想，都值得灌溉……千万溪流汇集成大海，每朵浪花一样澎湃……"相信这首歌，唱出了很多追梦者的心声。

不要嘲笑每一个有梦想的人，万一哪一天人家梦想实现了呢。给每一个有梦想的人多一些掌声，他们会走得更加坚定执着；给每一个有梦想的人多一点鼓励，他们会走得更加温暖自信。

梦想无论怎样模糊，总潜伏在我们心底，使我们的心境永远得不到宁静，直到这些梦想成为事实为止，像种子在地下一样，一定要萌芽滋长，伸出地面来，寻找阳光。

真正的勇气与能力是把今天过好，在循规蹈矩的生活里过出五颜六色的光芒。最痛苦的不是梦想泯灭或者夭折于现实，而是现在回望年少时热血沸腾的梦想如今再难启齿；最可怕的并非活得平凡，而是正在过着一种平庸的生活还觉得理所当然。

你的梦想，在等着你去实现

[01]

前不久，我经历了一段彷徨迷惘的日子，看见周围的朋友同事都在为了更好的生活虽然筋疲力尽，但充满奔头和热情，低头看看自己，毕业多年，却还没有什么能够拿得出手的成绩。

让一向没心没肺地宣称"今朝有酒今朝醉"的我，突然迷途知返的契机，是看到大学同学陈晨的近况。

陈晨和我虽然毕业后各奔东西，但这几年来她的朋友圈内容之丰富，总是令我瞠目结舌。最令我感到诧异的是，身为外企的专业技术人员和在职研究生，她在业余时间竟然和有着共同志向的朋友一起参加了一个业余话剧团。

据我所知，她的工作可是一点都不轻松，不仅业务量非常大，还偶尔需要天南地北地实地考察。我不知道她是凭借什么样的毅力，坚持了半年的业余话剧排练，并且还在几个月前成功地演出了。

演出结束后，她作为话剧第一女主角在朋友圈里分享了艰苦的排练过程和收获掌声的喜悦——她说，从小时候父母带她去看第一场话剧起，"能够在舞台上表演"这个梦想就在她心底里扎下了根，如今终于能实现了，千言万语描述不出她打心眼里的开心。

上大学时，当女生们围坐在一起聊到对未来的憧憬时，陈晨总会谈起她的表演梦。而大家的反应也是从一开始的不可思议，到后来对她的梦想评头论足，到后来的不断向她提醒和强调现在所学的专业和梦想相差甚远，再到最后的不再做任何评论。陈晨一直没有太多的反驳，默默地把这个想法留在心里。

而如今，当我们大家都在忙忙碌碌的生活中忘记了大学时代的憧憬时，只有陈晨一个人，在努力地不去忘记自己的梦想。也只有她，明明知道这个梦想实现起来有多么困难，可依旧不畏惧辛苦和周遭的眼神，认定自己的梦想，并且去实现。

[02]

知道了陈晨的近况，我这才好好审视了我周边的人。其实我身边有许多并不避讳谈及梦想的人，他们中有的人，土木工程专业毕业后为了"成为下一个巴菲特"，深造金融相关专业硕士；有为了"成功升职"，连续考了三次在职研究生没考上仍继续考的"钉子户"；甚至还有为了"未来想出国定居"，业余学习法语的同时还学习日语的。

我们常常会觉得很多事情不可能会发生，那是因为这些事要是让我们自己来做，我们没有信心能够做到。可是和陈晨一样的人真真实实地存在于我们身边，告诉我们，我们曾经的想法是多么狭隘，并且，每一个梦想都值得被尊重，被珍惜。

"梦想很丰满，现实很骨感"这句话，已经成了好多人被问到"梦想"这个词时用来终结或者搪塞话题的"至理名言"。

很多时候，当我们被迫面对"梦想"这个好似太庞大太遥不可及的词汇时，第一个反应都是抗拒。

为什么会这样呢？

是因为想把自己的梦想好好珍藏、待到全部实现后再公之于众？是因为还没有为自己的梦想做出骄人的成绩来？还是因为在追求梦想的路上付出的努力不足与外人道？

[03]

周星驰的《少林足球》里有句台词——"做人如果没有梦想，跟咸鱼有什么分别"。

梦想其实不是一个庞大而遥不可及的命题，它来自我们的生活，脱胎于我们的经历，在多种多样的思维碰撞中形成和重塑，就看我们敢不敢去追求。

孩提时，当被问到梦想时脱口而出的答案，现在的你，还记得吗？

经年累月，我们一直在既定的跑道上努力地追赶，每到达一个里程碑之后，就是满满的空虚和迷惘——"我是谁？""这是我该走的路吗？""这是我想走的路吗？"可还来不及细想，出发的号角就又响起了，我们继续埋头去走那条大多数人行走的路，那条最安全的路，过着和大部分人一样的人生。

那些小时候被时常提起的梦想，就成了水中花镜中月，越来越缥缈，似乎离我们越来越遥远。其实，是我们自己画地为牢，自以为一定会处处受限，于是便放弃了许多梦想。

　　殊不知，最初的梦想会一直在你心房的一侧隐隐发光。它一直都在，等你来实现。

　　你是什么人，你便吸引什么人，所以，亲爱的，你要更美好。梦想不会逃跑，会逃跑的永远都是你自己。无论日子多艰难，只要我们保持一颗坚强的心，一切都会过去的。人若是有勇气说再见，生活也会还我们一个崭新的开始。一个人的美丽，是他的经历。好好去爱，去生活。

不要怕有压力，它可以垫高你的人生；也不要怕忙碌，它可以充实你的生活；不要拒绝错误，它可以改正你的缺点；不要一味惬意，乐极生悲，这往往是挫败的开始。许多时刻，我们的成长，靠的不仅仅是时间，而是自我的勤奋与努力；那些虚度的光阴，熄灭的是梦想之火，拼凑的是支离破碎的命运。

别只顾着羡慕而忘了像他一样努力

[01]

在互联网创业的狂潮中，越来越多的年轻人创业成功，我们被这种"出名要趁早"的社会风气影响着。羡慕别人的成功，看着自己年龄不断增长，却一事无成，也开始焦虑，开始担忧未来。

不知从什么时候开始，我身边一群人跟我请教问题的方式都变成了：我现在大二了，不知道自己做什么才能成功，很焦虑，我该怎么办；我今年要出来工作了，我好恐慌；又或者我现在好想创业，可是我不知道自己能干吗；更有人问我，怎样才能够跟别人一样，很快就能成功。

我曾经每天都被这些杂乱无章地想要寻求出路、急切想要成功的问题所困扰。现在回想起来，我发现自己也是在这样的焦虑以及担忧中一步步走过来的，虽然现在也会有焦虑，但是，当我看清楚别人成功的背后所做的努力的时候，我便能够更加淡定地去面对自己的焦虑。

[02]

　　我上一家公司的老板，总是跟我说，女孩子，要先立业，再成家。女孩子的青春是很短暂的，你要好好珍惜自己的这几年时间，好好地奋斗，赶紧做好自己的事业。

　　他跟我说这些话的时候，我还在迷茫阶段，我不知道自己要做什么，也不知道自己可以做什么。看着公司有些年纪轻轻的同事月薪好几万，看着媒体报道的年轻人创业成功，我内心充满了无限的焦虑，我也希望自己能够早日成功。

　　曾经我也一度陷入"成名要趁早"的鬼圈子中。

　　每天晚上，我焦虑得睡不着，我想着那些初中毕业就开始工作的同学，有些已经是某公司的经理；在朋友圈里看到我的朋友们到处出国去旅游；看着我的朋友早早地结婚生子，过着小夫妻生活；而我，还在外面漂泊，过着居无定所的生活，工作也仍然没有起步……想着种种的一切，我感觉自己这辈子真的过得很失败。

　　可是，我并不甘心于一直这样下去，我试图去阅读成功学的书籍，尝试着看看在里面能否找到答案。但是，我发现大部分的"成功学"故事，只会告诉你这个人遇到什么机遇，不会告诉你为什么机遇会垂青于他；只会告诉你他有多激荡潇洒，不会告诉你他有多厚重坚实；只会告诉你他收获了多少，不会告诉你他付出了多少；只会告诉你他成功了，不会告诉你他为什么这么快就能够成功。

　　所以我开始去探寻这些成功人士的背后究竟是怎样的，他们为什么能够那么早就成名。当我在一点点地看他们的资料的时候，我的内心也渐渐地平静了下来，因为我发现他们并非像媒体所报道的那样，我看到的更多的是他们的努力，成功背后的付出。所以，我开始将重心转移到自己身上。

[03]

大学的时候，我总是喜欢去思考自己的未来，然后开始焦虑不已，我不知道怎样才能实现我的目标。我身边的朋友总是劝我说，不要想太多，过好现在就好了，未来有无限种可能的。

在我工作的第一年，我更加焦虑，我总是感觉青春快要没了，渐渐地要到结婚的年龄了，自己会渐渐地老去啊。我感觉成功好像离我越来越远了，以至于某段时间，我好像得了抑郁症，不想跟人讲话，不想去做其他的努力，我感觉太痛苦了。

最终，我还是静下心来，去梳理自己焦虑的原因。第一，是我积累还不够，腹中无料；第二，是我接触的东西不够多，视野不广；第三，是我缺乏深入思考，处事不全；第四，是我虽然总在努力奋斗，却没有找对方向。

我像陀螺一样不停地转，迷失了自我的方向。梳理完之后，我便一点一点地去努力，去一点点攻克，不断地去完善自己。

当我这样一点点去努力的时候，我也在努力中渐渐地看到自己的方向，虽然仍有焦虑，但是，我能够一点点地去进步，更加踏实地去走好当下的每一步。

我突然明白了很多的焦虑，其实是我们只看到自己想要到达的未来，更想要能够寻找一种能够一步登天的方法，却忽略了当下的脚步，没办法踏踏实实地走好自己的每一步。我觉得所能做的，就是走好当下。只有这样，才能有更好的未来。

　　我在做这个公众号平台的过程中，遇到很多也在做平台的伙伴，而且他们做得非常好，我看到很多的90后已经出了书，他们的粉丝有的已经好几万了。

　　或许会觉得他们运气很好，不用怎么努力就能成功，以前的我，或许会很羡慕他们，然后问他们要怎样才能更快地出一本书，怎样才能够快速地增加粉丝，怎样才能更快地成功。

　　但是，现在的我，跟他们做着一样的事情，我深深地感受到每天输出高质量的文章所需要付出的努力。当别人节假日出去旅游，当别人下班之后舒舒服服躺在家里看电视的时候，当别人早就进入睡梦中的时候，当别人休息的时候，却正是我们这群人另一份工作的开始。

　　我每天在作者群里面，看到有些作者6点就起床，看书写文章；有些作者写文章到深夜两三点才入睡；而有些人，已经坚持写了好几年。

　　当我没有进入到这个圈子的时候，我并不知道这些人究竟要付出多少的努力才能够成功。

　　我们总是看到别人成功的光环，却忽略了他们背后的努力。一个人的成功，就犹如熔岩，在地下奔腾积累多时，一发而不可收。而我们往往只看到别人走到山顶，在地上挖了个洞，火山就爆发了。

　　而只有他们自己才知道，需要付出多少的努力，才能够看起来毫不费力。

　　世界上最可怕的两个词，一个叫执着，一个叫认真。认真的人能够改变自己，执着的人能够改变命运。

　　没有一种成功是轻而易举的，只有自己真真实实地努力过，才知道其中的滋味。

你只是看到别人的成功，却看不到他们背后的努力。他们也是一点点积累，一点点进步，才能够有今天的成绩的。你这么年轻，其实不用太焦虑，认认真真地做好自己当前的事情，踏实积累，相信你也可以渐渐进步，遇见更好的自己的。

要么喜欢一个能带给你力量、好像信念一般存在的人，要么找到一个能让你为之努力的梦想。重要的是，你会为你的梦想切实地去努力，在跌倒的时候也能找到勇气和力量；重要的是，你要真正地行动起来，把你生活的一部分填满。未来会怎样谁都不知道，但总好过每天无所事事。

我从来不信什么一夜成名的传说，只信一分耕耘一分收获。如果有一天，你的努力配得上你的梦想，那么你的梦想也绝对不会辜负你的努力。就像来自遥远赤道的春风，它穿过高高低低起起伏伏的山脉和阴暗潮湿的连绵梅雨，终会吹到你的耳边。

你看到的是她的幸运，可我看到的是努力

［01］

我有一个好朋友L，一个美得连女生都想把她当作女神的人儿。

她有一副天生丽质的面容，可偏偏漂亮的她还很聪明，很多事情在她手里都可以处理得很好。身边的朋友偶尔聊起她的时候，大家说的也都是，她真漂亮，漂亮真是美好人生通行路上的许可证，难怪她一切都会那么顺利。

每次听到这样相似但不相同，但又都是满满羡慕的话语时，我只会在旁边笑笑。相比她们，我和L更熟悉一些，偶尔会分享一下读的书，讨论一下爱情观或者生活观，因为真正了解，所以知道L其实是一个很努力的美女。

在大家都在拼命准备高考，无心关注其他的时候，L已经会在空闲时间很用心地看心理学、人际关系和时尚方面的书，她还挑选了一个很能代表心意的本子，把她觉得好的理论记录下来。那个时候，她还会用书皮把

那些书包得很好，或因为珍惜，又或许她并不想让所有人都知道她在关注这方面的东西。

在我们都进入大学，大家都顾着玩的时候，她加入了校广播台和学生会。大一那年，L在广播台也就写着烦琐无趣的播音稿，在学生会也基本就是跑腿或者做一些大家都很不屑做的琐事。L坚持做了，并且做得很有成就。因为她不是单纯地抱着完成任务的心态去做，而是想去学习东西。

高中那个代表心意的本子也一直跟着她，L并没有停步，也继续在这些方面钻研着，并且将她学到的感悟应用到她的生活、她的各种学生工作里面。因为她的努力和钻研，她成了学生工作里面出色的那一个，人缘也很好。

她之前跟我说，有一次大家在群里投票选预备党员，她还没搞清楚情况就被告知她票数最多被选上了，我当时回了她一句，"这是你努力得来的幸运"。毫无悬念的，最后部长换届的时候，她成了部长；主席换届的时候，她也成了主席。在广播台和学生会都向她伸出橄榄枝的时候，她选择了学生会，因为她说："广播台大部分都是艺术学院的学生，管理起来比较麻烦。"

紧接着，因为当了主席跟老师接触比较多，老师们看到了她的能力，于是她就成了学生加实习辅导员。L前段时间跟我说："学校这边说，如果我想留，毕业后可在学校当辅导员，但是我打算考研，因为我想当个有文化的人，去学习更系统的知识。"

至于她的美，那又是另一个内涵的表现。因为生得好看，所以看起来好看，这应该是大多数人对美的成因最实诚也最认可的解释，但是能让天生丽质延续二十多年也是一门技术活。L是真正的美女，不仅得感谢她爸妈，也还要谢谢自己。

平时，她会去健身房，她自己家里也有一个小杠铃，为了健身也为了减肥；她会有意吃一些低脂但是有营养的东西，哪怕有时候会错过很多美味;她会研究化妆,随时呈现给别人美好的一面;为了买上好看的衣服,她会走好多地方去试,会关注时尚。

当然,以上那些努力的部分,L从来不会刻意跟别人说。通常大家看到的就是:漂亮的L身边有很多喜欢她的朋友,真幸运;幸运的L就这样随随便便当了个部长,还成了主席,现在还是实习辅导员,肯定是受益于长得漂亮的N多好处之一。

我们总是第一眼就看到别人光鲜的一面,却又总在听到别人客套的话"我只是比较幸运"后,也会选择相信只是别人运气好,真相却永远被我们的不愿相信掩盖。请永远记住这一点:并不是因为天赋差一点才努力,而是因为努力才更光鲜。

[02]

我的大学前两年在很多人眼里算是真幸运。和她们一样看起来没怎么努力的我,似乎什么都得到了。

大一那年,带着高三的解脱以及刚到大学的那股新奇劲,我和室友一样,上课的时候拿着手机聊天、玩各种游戏,下课的时候不是到处玩就是在寝室没日没夜地睡,好像是要把高三没睡够的瞌睡都补回来。大一结束了,同为学渣的我拿到了奖学金,她们当时并没有觉得我聪明,只是觉得我真幸运。

大二的时候,考计算机二级,我跟她们也是一样,来了学校再开始备考15天然后考试,结果还是我一次就过了,她们都没过。那时候我安慰她们说我运气好抽的题简单,你们多做做题就可以过的,本来一般是要考两次才过的。她们也都说"真羡慕你运气好,抽的题目简单",并且祈祷下一次可以运气好一些。

后来考教师资格证的时候,她们都去报培训班,我就自己看书自学。

报名的时候，我一次性报了三门，也真的很庆幸都一次过了，当然她们报了两门也都过了。许是前面几次的铺垫，这个时候就有一个室友对我说，"真佩服你，我一直觉得你很聪明"。

一切都让人看起来我真的好幸运。我也从没想过要跟别人说清楚我的努力。大一那年，我很用心地完成每个老师布置的作业，记得社会学老师要我们去采访一个你很佩服的人并写一篇文章，在大家都靠想象写的时候，我正儿八经地去采访我很佩服的那个很牛的学长，然后就着我的感悟写出了那篇论文，加上平时各方面都表现还好，那门课我得了98分。

虽然很爱玩，但每个星期我都会抽个时间看一下老师这个星期讲的内容，并且真的很用心地准备期末考试。备考计算机的那15天，我每天抱着电脑真的是在做题库，并没有做着做着就看电视剧去了。准备教师资格证考试的时候，我抱着认真、绝不偷懒的心态把那三本书来来回回看了三遍。

我在这里说这些，并不是说我有多么多么厉害，只想把自己当作例子去清楚地论证一件事：那些在你们看起来我毫不费力做成功的事，其实都凝结着我的努力。这世上没有哪一件事能够轻而易举地成功，除非你真的天赋异禀。

［03］

也许有人会说，努力了就会被看见，被遮盖的努力是不是你们幸运之后为自己找的说辞啊，有时候成功就是靠运气。

可是，世上真的有那一类人，比如我。虚荣如我，我花时间、花精力，去努力做一些事，然后尽可能省略地告诉别人过程，只是为了让自己看起来可以毫不费力地做成某件事。

中国传统里有一个词"体面"，我们努力地赚钱努力地做某件事，终极目的也是为了体面。同样，我们不到处去说我们如何如何努力了，直接光光鲜鲜地站在别人面前，这种行为是不是也可以理解？

我努力了，只是没被你们看到而已，所以你们才会觉得我毫不费力气就成功了。

关于成功是靠运气这种说法，我承认但是不认同。有时候的确时机也对某件事的胜败起着至关重要的作用，但是要知道，所谓的运气也是努力的产物，不是有一句话叫"越努力越幸运"吗，纯运气这种东西比中彩票还难。

人生在很多时候还是公平的，它也一直实行着"努力的人儿更容易成功"这条游戏规则，要想玩好这个游戏，你也只能遵循游戏规则。我们都知道天上不可能免费掉馅饼，同时你也要坚信，天上不会免费掉幸运。

别忙着去羡慕别人，也别忙着此刻在心里规划自己要如何如何努力，生活里最缺的就是口头上的励志者，我们需要的是在实践中去努力并且坚持。用心做好当下你的每件事，尽可能地去提升自己，那么，有一天你也会是别人口中的幸运儿。

如果你想做成某件事，那么就尽力去拼去努力吧。

要努力，要坚持，要相信自己！

你可以没有梦想，但不能不知道现在要做什么；你可以长相平凡、丢到人群里就被淹没，但不能随波逐流成为没有个性的复制品；你可以被压力逼迫得痛哭一百次，但哭完记得笑一千次给它看；你可以习惯为别人付出，但至少别忘了为自己而活；你可以学会假装，但最后不要变成你当初讨厌的那种人。

"莫道君行早，更有早行人"，成功的人都会用这句话来激励自己，而失败的人总是用各种借口来安慰自己。最怕的不是一生庸碌无为一事无成，而是一事无成还安慰自己平淡是真。要么就和自己的平庸握手言和，要么就让自己的努力配得上自己的梦想。

别让梦想只是你的一个聊天工具

[01]

在老家和两个表妹聊天。

在50个人的班级里排名20左右的上高二的表妹对我说："我将来想当一名考古学家，或者是坐在台灯下做外文翻译的专家。"

在省会城市读医药类高职院校的表妹抱怨说："妈妈让我毕业后回县城医院做护士，我才不要。我只想毕业后拿到护士文凭，然后就去做别的工作。"

我轻松地回应她们："挺好的想法啊，会实现的。"她们却明显很惊讶，不约而同地说："根本不可能，好吗？"一个解释说："我现在的成绩可能连个本科学校都考不上，怎么可能考上有考古专业的大学？"另一个解释说："我学了护理，如果不做护理工作，我又能做什么呢？"

然后，我问："既然明明知道这是不可能的，为什么刚才还要告诉我呢？"她们又出奇地一致："这是我的梦想，可不是所有的梦想都是用来实现的。"

我大笑三声，问："如果梦想不是用来实现的，那要梦想干什么！"

她们肯定在心里翻了我无数的白眼，因为我问完这个问题后，她们就溜到一边去玩手机，不和我聊了。

[02]

所有的梦想，都是用来实现的啊。

我的第一个梦想是做一名电视人。从小到大，不管在电视上，还是在网络上，我看得最多的视频类型就是综艺节目。

高中时，在学习压力最大的时候，我趁着晚饭时间跑出校门，去学校门口的打印店，下载下来喜欢的主持人的照片，然后打印出来，夹在自己的错题本里。每当坚持不下去的时候，就拿出来一遍遍地看。

从我记事起，每年的春晚，我都会守在电视机前观看，一定是什么都不做，就端端正正地、一本正经地看。每年大年三十，我们家都会回奶奶家过年。奶奶家除夕夜很吵，为了能让我安静地看春晚，爸妈都会在下午就早早吃饭，然后骑近一个小时的自行车，带我回自己的家，无论天气怎样，二十几年从没间断过，到今年也是如此。

所以，当我以戏剧专业研究生的身份毕业，有一家电视公司给了我 offer（录用通知）时，我什么都没说，在参加完毕业典礼的第二天，就到了陌生的城市，直接入职。

我从未想过这个梦想会这么快就实现，因为在我长到25岁的时候，身边还没有一个人做电视节目。可因为是梦想，因为你知道它就是用来实现的，所以当有一点机会的苗头出现时，你才会懂得赶紧抓住，你才敢于在自己什么都不会的时候，隐忍地韬光养晦，接受挑战。

我的第二个梦想是成为一名作家。

同样的，在我24岁的时候，我身边没有一个人是作家。从小到大，有无数的人对我说过他的梦想是成为作家；从小到大，也有无数的人切切实实为这个梦想努力过，但最后还是放弃了。

当你觉得梦想遥不可及，只是挂在未来天空的月亮时，你很难持续地去付出。人都是看到希望，或者相信会有结果，才会义无反顾。

而我笔耕不辍多年，终于出版了自己的书，不是我幸运，只是因为我是一个相信白日梦的人。我相信心想事成，所以愿意为此持续努力。

我的第三个梦想是成为一名演说家。所以，当很多作者因为做分享会很累而不愿去做时，我心甘情愿地接受出版社给我安排的一切活动，为的就是锻炼自己的分享能力。

那年从山东老家要去厦门参加一场活动，那天早上突降大雪，父母极力劝阻，虽然我心里也是一万个担心路途的安全，但还是打了4个小时的车去了机场。幸运的是，航班正常，我顺利完成了那场活动。

回来后，父母有些怨气，觉得不理解。我说："你们都不知道这种机会是多么的难得，有一次就必须得抓住，虽然那场演讲只有20分钟。"

后来，我开设了写作课和阅读课。出发点有很多，其中之一就是我想训练自己的分享能力。过去的半年，每个周末都在上课，很多时候说话说到嘴巴两侧的肌肉疼。有天，一位学员说："真佩服你这么能说。"我回应他："希望有一天，你能用'你讲得真好'来赞美我。"

至于这个梦想什么时候能够实现，或者什么时候能够有一个里程碑的事件出现，我没有打算，也不清楚，我只是已经为此坚持了3年。因为坚信它终会实现，所以我不着急，努力着，等待着。

当然，作为一个"胃口大"的人，我还有第4个、第5个、第6个……第10个梦想，也许以后还会有更多。但我不会觉得有压力，因为"梦想实现"是有繁殖能力的。当你能实现第1个梦想时，那么实现第2个梦想的难度系数就会降低一些，第3个就会降低得更多。梦想实现得越多，实现的速度也会越来越快。

而在这个过程中，你也会完成自我的蜕变。因为相信梦想，所以你变成了一个相信自己的人。

每个人的生命里都有一种能量，当你唤醒它时，它会使你永不停息。没有等出来的精彩，只有走出来的辉煌！如果我们内心还有一个梦想还未实现，那就开始行动吧！相信自己，相信值得你信任的人——相信的力量是伟大的！你的梦想有多大，舞台就有多大！

与其担心未来，不如现在好好努力。这条路上，只有奋斗才能给你安全感。不要轻易把梦想寄托在某个人身上，也不要太在乎身旁的耳语，因为未来是你自己的，只有你自己能给自己最大的安全感。别忘了答应自己要做的事，别忘记自己想去的地方，不管事情有多难，地方有多远。

请别把你的人生交给鸡汤

唯有自己在一件又一件琐事中不断地探索和沉淀，才能打破迷茫，成就最好的自己。

［01］

我记得刚开始写作的时候，并不是为了高大上的文学梦，也不是为了伟大的理想抱负，就是单纯想记录一下生活，抒发一下内心的情绪和感受。接着，就开了一个公众号，结果没想到一写就写了40来篇。

如果中学的语文老师知道了，估计很难接受这种设定，肯定心想：你作文差成那样，还开通公众号，这不是自取其辱吗？

的确，我文笔不好，经历不多，想法不够成熟，观点也不够独特。有一些文章甚至被评论说："你写的这些已经烂大街了，我闭着眼睛都写得比你好。"我呵呵一笑，继续码字。不过要是换作以前，也许真的会受不了。

以前整天爱喝鸡汤，心想喝多了说不定真的能变得很励志和厉害呢。

于是在朋友圈喝完去微博喝，微博喝完又回到朋友圈喝，最后激情四射，正能量爆棚。但是没过多久，激情就消散了，消散之后又开始躺沙发、看电视、玩游戏，还参加各种聚会。玩得久了有罪恶感了，然后继续喝一碗鸡汤，来掩盖内心的罪恶感，接着继续偷懒。

最后，我在大家眼里塑造了一个看起来好像很努力、很励志的形象。其实只有我自己知道，我不过就是一个爱偷懒的大傻子而已。

[02]

上了大学后，我发现大家不约而同地摇身一变，成了老油条和老江湖，不吃这套了。

于是我开始慌了，心想：那怎么办？好不容易树立起来的形象不能就这样塌了呀，我得想办法维护好我正能量的形象。

于是，我开始把口头上的鸡汤生活化，并且付诸行动。我开始早起，背英语，学吉他，参加十大歌手和游泳比赛……我拼得差点把自己吓倒，心想：嘿嘿，这下我就不信了，还怕树立不好形象，感动不了你？

结果，效果还不错。那段时间，时不时会听到朋友和身边的人说，哇，那个谁谁谁，好努力，好有正能量。

结果，我乐呵呵地深陷其中，无法自拔。

但是渐渐地，我开始掉入了一个死循环。我发现，为了塑造在别人眼中努力并且励志的形象，忘记了自己到底想要什么，忘记了自己到底会什么，擅长什么，喜欢什么。有一天忙完，我洗完澡躺在床上，全身酸痛。那一瞬间，我突然间觉得彷徨和无助，甚至不知所措。

于是……我停了下来，并退出了所有的活动和社团。静静地思考一段时间后，我发现，身边的所有人和事并没有因为我的暂停而暂停。

原来，看起来很努力的样子，只是感动了自己而已。

[03]

当我勇敢地解剖了自己的内心后，我发现，自己好像什么都会一点，又好像什么都不会。我自我鼓励道：没事，大不了从头再来。

我先从自己的专业入手，慢慢地探索，慢慢寻找适合自己的方向。

大一下学期，我和4个小伙伴搬出去，一起在外面合租了一个不到40平方米的小公寓。为了拍个片子，顶着雨，扛着机器，跑到地上到处都是稀泥巴和臭虫的树林里取景，骑着单车上深圳最高的梧桐山取景，拍片子拍到凌晨，累死累活，但我们无怨无悔。最后，我们4个人也慢慢找到了自己喜欢的方向，并且开始为之努力。

有一些伙伴见到后问我："怎么感觉你大一之后就失踪了呢？"

也有一些伙伴说："真的不知道你在瞎折腾些什么。"

还有一些伙伴说："大学活成你这样真是失败。"

的确，相比于之前，我安静了许多，也沉稳了一些。其实，我不过就是想面对自己的内心，问清楚自己到底想要的是什么，并且为之而行动，如此而已。

人人都喜欢正能量，但是没人喜欢复制粘贴来的万能鸡汤句，看得多了，听得多了，只会让人反感和排斥。

但如果够牛，牛到别人一看到你，仿佛就看到正能量本身。估计那时候再说上一句烂大街的鸡汤句，可能很多人都会这样回应："好一碗鸡汤，我干了。"

但前提是，要够牛啊。

[04]

要激情谁都有，但是有几个人能坚持下来呢？鸡汤大家听过无数，但是真正能够做到的却寥寥无几。

一次偶然的机会，我因极度想宣泄情感，开通了个人公众号，写了第一篇文章。接着陆陆续续地写了几篇，最后鼓起勇气去投稿。

幸运的是，有一个大V竟然选中我的第一篇稿子，并在当晚发布了头条文章。一瞬间，有上万人看到了我写的碎碎念，还有一些伙伴陆陆续续来关注我，那一刻真的很开心，被人认可的感觉给我了一点又一点的动力。

接着就一直写下去了，一写就写了两个多月，40余篇文章，接近5万字。这对于一个曾经的作文白痴来说，真的是一个很大的突破。

很多职业和爱好真的是在不断地试错和探索中挖掘出来的，不去大胆踏出第一步，我可能永远也不会接触写作。不去大胆投稿，我可能早就放弃了。

这是一个浮躁的年代，鸡汤文和干货文横行的今天，我们真正做了些什么呢？是真的在努力尝试，还是在应付自己？

迷茫不一定是无事可做，而是看似做了很多，却发现都不是自己想做的。鸡汤不能解救迷茫，能解救迷茫的，唯有自己。

唯有在一件又一件琐事中不断地探索和沉淀，才能打破迷茫，成就最好的自己。

上帝不会把所有的好事都给谁，但也绝不会亏待谁。生命有限但希望无限，每天给自己一个希望，我们才能够拥有丰富多彩的人生。一个人能否成功，关键在于他的心态是否积极。成功者之所以能，是因为相信自己能。每天揣着梦想出门，天会更蓝，路会更宽。

世界上没有既定的优不优秀，逼到绝路谁都卓越；有了退路，谁都平庸。世界上有条很长很美的路叫作梦想，还有一堵很高很硬的墙叫现实。翻越那堵墙，叫作坚持；推倒那堵墙，叫作突破。战胜自己，才是命运的强者！

让完成梦想成为一件很幸福的事

［他的人生告诉你，该有梦想］

脱口秀女王奥普拉·温弗瑞曾说："一个人可以非常清贫、困顿、低微，但是不能没有梦想。只要梦想存在一天，就能改变自己的处境。"

你的人生是什么？

也许你并不知道你的人生是什么，而是别人告诉你的。

很多获得成功的人，会告诉你怀揣梦想和到达成功的彼岸充满了喜悦，会让你的人生与众不同，走出困境。

在我们对人生没有丝毫概念的时候，妈妈开始问"宝贝，你长大了想干什么呀"，上学了老师会说"你要为了梦想而学习、努力和拼搏"，从那一刻起我们就已经有了一个根深蒂固的观念——人生有了梦想，才有意义，才有盼头。

长大后，我们一部分人成了梦想的实现者和受益者，他们开始语重心长地对别人说教"人，一定要有梦想"，比如经常在讲台上说教的老师。

还有一部分人成了梦想的失败者和抵触者，屡遭失败的他们开始躲到生活的角落，告诉别人"无追求是一种最高境界，你得看破红尘、看淡一切，像我一样"。

还有一部分人，比如中国台湾著名漫画家蔡志忠，不断用梦想的实践，验证着人生几何，他会告诉你"人生努力是没用的！人生像走阶梯，每一阶都有每一阶的难点，你没有克服难点，再怎么努力都是原地跳"。

所以，或许我们得思考一个问题：你的梦想是来自于别人尝到的甜头，致使你也想功成名就？还是来自妈妈的期望，逃脱不了"别人家孩子"的阴影？还是来自你内心最真实的渴望，想要完成一件事，历练一种能力，获得一种认可的愿望？

这个思考，事关重大，关系到你能走多远。

［梦想都是五彩斑斓的吗］

也许你要说，梦想肯定都是五彩斑斓而美好的，只是通往这条成功之路的人生都是写满血雨腥风的拼搏史，容易到达的就不是梦想，而是一脚泥泞一脚惶恐，成功之路就是"土黄色"的。

但你肯定关注过这么一群人，他们的人生不需要拼搏，他们从出生就带着金灿灿的光环而来，在你眼里，对他的人生评价写满了"羡慕嫉妒恨"以及永远到不了的远方，他们有没有梦想我们不得而知，也许一切都有了，梦想就成了宁静的白色。

还有一些人在你看来是每天撞钟的和尚，从小和尚撞到了老和尚，终有一天在不经意间，他们也撞到了生命的终结。他们的梦想是与白色形成强烈反差的黑色，是探究不出所以然的。

还有大部分人像猴子掰玉米，一生有太多梦想，骚动得顶天立地，却往往只能迈开双腿走两步换一个，丢下一堆桃子比玉米甜、西瓜比桃子水多、兔子比西瓜好玩的理由，最终两手空空。在他们那里梦想一直是彩虹，而且永远是彩虹，只能远远看着，默默许愿，消失了也安然接受，大不了就重新再鼓舞起斗志。

就在我写这篇文章时，我正在医院的病房里守夜，临床是一个不停呻吟的15岁小女孩，她被脊柱肿瘤折磨得生不如死，在她那里梦想只有红色，简单而单一，那是生命的颜色，梦想对她就是一种奢求，她每天最想的就是不要疼痛。

…………

每个人心中都画着不同颜色的梦想，或是负担，或是斗志，或是幸福，或是一种体验。是什么颜色，只有你心知肚明，只需要你正确认识。

[梦想束之高阁，泥泞布满全身]

记得那些刚毕业的岁月，我们都信誓旦旦怀揣着干一番事业的豪情壮志，在谁人面前都是一副山河无限好的勤劳致富憨豆形象。

有一搞工程的哥们，第一次到了工地，要求自己坚持和民工划清界限，有坚强的内心和精致的生活，运动、洗澡、刷鞋、刮胡子、看书、学习，拒绝一切的娱乐，即使是迫不得已的娱乐也要保持自己的高姿态，他非常坚定地告诉自己"我不属于这里，更不属于灰头土脸的生活"，于是他拼命读书，下决心要考出去。这样的人，在工地一定被当作怪物。

一年下来，书没看没本，加班加点的工作，让他无暇再过精致生活，有时竟也不顾一身烂泥倒头就睡。

这哥们开始怀疑自己的梦想和人生。

肯定是哪里错了。

不接地气，不得好死。工地就是这样，学这个专业就得灰头土脸。想明白这些，他开始融入一切，再也没人认为他是怪物。

久而久之，梦想早就被束之高阁。

也许你觉得，这就是现实。梦想的最大障碍就是现实。

蔡志忠从4岁半就知道自己的梦想是画画，那时他只是一个农村的孩子，现实告诉他：不可能，你没有条件。但是他自己创造了条件，一画就画了一生，并且成为杰出的漫画家。

林清玄不相信没受过教育就不能写作，他17岁开始独自闯荡，开始用笔杆子书写梦想，他坚持每天打工每天写作，30岁前他得遍了中国台湾所有文学大奖。

其实每个人梦想的最大障碍是自己，是你把自己困在现实中，给自己找了无数理由。有很多"蔡志忠"，在第一次梦想被当作是笑话之后，就再也没有谈起过画画这个梦想；有很多"林清玄"在打工回来筋疲力尽的时候，脑子里想的是"我先做到丰衣足食吧，梦想等有钱了再说"（好好想想你是不是这样的人呢）。

从此梦想被自己束之高阁。

[梦想为什么只走了两步]

蔡志忠说努力没有用，他说的是在努力的前提下，学会克服难题，才是关键。我们从一开始都很努力，无论梦想是什么颜色，都曾信心十足，但有多少人真正实现了梦想呢？

为什么你的梦想只走了两步？

第一步找到梦想，第二步开始奋斗。

对的，没错，你的很多梦想都是在"开始奋斗"时就夭折了。

第一次，我们失败是因为"大目标，小失败，困难来得太早"。我要成为一名画家，这是我的大目标，可我却因为第一幅四不像的画，第二幅擦坏了的画，第三幅弄湿了的画，心生厌恶，告诫自己并不是这块料，换个目标吧。人生就在这些换来换去的目标中流逝了。

第二次，我们失败是因为"低创造性的简单重复工作"。有些人从始至终只会做简单重复性的工作，拒绝挑战和创新，拒绝研究与论证，这样的梦想唾手可得，当然也就不显得有价值了。

第三次，我们失败是因为"失败是成功之母"。这句话成了我们为若干不成功所找的最有说服力的借口，成功总要经历很多失败，到一定程度必定会成功，所以，对于从不总结经验的你，从不吸纳意见的你，成功之母永远是个未知数。

第四次，我们失败是因为"情绪占据上风，焦虑就像麦芽糖"。不成功的人，梦想难实现的人，也最不易控制自己的情绪。要么因为急于求成没有效果而焦虑，要么因为认定"环境小、自我大"而踌躇，要么因为遇到一点点困难就暴跳如雷。其实你应该知道，越大的梦想越困难，越难的事越考验你的情绪，焦虑就像粘牙的麦芽糖，只会让你举步维艰。

第五次，我们输给了时间。往往，我们的梦想有一个两个很多个，什么都想做，放到一起，就没有了时间，不会计划，不懂得管理自己的时间，所有的事放在一起如蛛网般难缠，最后使你精疲力竭，不得不放弃一个又一个的梦想。

最后一次，我们败给了"应付"这一绝招。每个人都会习惯性地把不成功归结为"拖延症"，"拖延症"是我们"无从下手，不想下手，还有时间，就这样吧"等心理作祟的结果。干了一堆不相干的事，一边看着溜走的时间，一边焦虑得像个热锅上的蚂蚁。不会创造，没有经验，你说能不能做好一件事呢？

当然不能！所以最后你只得使出绝招应付了事。

拖延的后果就是件件事都应付，你就得不到任何肯定！挫败感使你丢弃一次次梦想，更丢弃每一个成功过程中可以发现和构筑的新梦想。

[怎么破，才能将梦想走下去]

1. 设立真正的梦想。

有人做过统计，其实有99%的人根本不知道自己真正的梦想是什么。

能实现梦想的人，并不是把梦想当作可有可无的事，更不是偶尔想想的事，他也不把梦想当作工作，而是当作享受，全身心投入。一生只有一个梦想，只做一件事，做到极致，身心合一，有谁能不成功？

所以，你应当问问自己的内心，最想要什么。

2. 将梦想与崇高挂钩。

你的梦想无论从哪个点出发，无论带有什么颜色，最终的归宿都应该回归到生命这个话题。

如果你的梦想只是赚钱，那你永远无法满足。如果你的梦想是权力，那你总会耀武扬威地伤害到别人。如果你的梦想是快乐，且快乐是建立在自私的层面上，那你的快乐最终会以痛苦和分离而告终。

但是，你的梦想如果是崇高和健康的，你便不会轻易被困难吓倒，因为你不是只为自己，责任感是最好的驱动力；你也不会轻易动摇，因为你知道充满艰辛很正常，你会为每一小步成长而感到满足。

伏尼契说"一个人的理想越崇高，生活越纯洁"，对于这句名言，小Q还想补充一句："一个人的理想越崇高，灵魂越轻松，成功越容易。"

3. 只有自己能决定。

梦想在现实与成功之间，要么成真，要么成空，只有自己能决定。你的梦想既不可以不切实际，也不可以只有大目标没有小步骤，环境怎样是可以由自己来改变的。

4. 方法与心态之间，请选择心态。

人生也许就是实现梦想的过程。有很多方法和经验教我们，边做边学，锻炼自己越来越能投入，锻炼自己身心合一，要求自己一步步迈上人生的阶梯。

其实，没有人能教你什么，你的心态如果告诉你"我必须完成这件事，非做不可"，那么再大的困难你也能有办法解决。你的心态如果告诉你"我好像还欠缺点什么，试试再说吧"，于是，再小的困难也会引起你烦躁不安，甚至是焦虑。

没有良好的心态，一切方法都是徒劳。

所以，不是教你方法，而是教你理清一些不能成功的思路，无法坚持的原因，方法是在你想通一件事情的过程中获得的。

好好体验前进路上的每一次挑战，选对、想清楚、问自己、找方法，你就不会只走两步（第一步找到梦想，第二步开始奋斗），也许你会酣畅淋漓地觉得生活真的五彩斑斓。

好好珍惜纯洁的心灵吧，为自己的人生树立丰碑，有梦想就是一件很幸福的事。

人生就像一场战斗，荣耀属于坚强走到最后的勇者，不管成功与否，至少曾经努力奋斗过，这样就不会后悔。生命存在一天，就要给自己一个努力的机会，即使看不到希望，即使看不到未来，也相信自己的选择不会错，自己的未来、梦想不会错。人生不怕任何的阻挡，就怕自己放弃和投降。

人生最可悲的事情，莫过于胸怀大志，却又虚度光阴。没有行动，懒惰就会生根发芽；没有梦想，堕落就会生根发芽。每一段不努力的时光，都是对生命的辜负。不要再为生活彷徨，放手去做去实现，人生才更美。如果自己没有尽力，就没有资格去抱怨生活。你必须暗自努力，才能在人前显得轻松如意。

一个真正的梦想，
是由每天做一点来实现的

这半年有不少人来问我说："我不知道我的梦想是什么，怎么办？"我觉得，有些问题比较具体就很容易回答，但是这么抽象的问题，真的很难回答，这要涉及你的兴趣特长、职业规划，你的内在驱动力，等等。这个太个性化了，实在难以回答。

中秋节前看了《士兵突击》。

看《红楼梦》我很少看后四十回，源于我的性格就是很阿Q，能有逃避现实的机会我绝不放过（现实已经那么可怕，没道理看书看剧还要看阴暗面），或者说是宝玉的性格，"只喜常聚不喜散"。所以虽然《士兵突击》我看过很多很多遍，但最喜欢看的桥段永远是333个腹部绕杠，老A初选大赛，老A的毕业考试等高潮段落。不爱看的当然就是红三连五班和许三多独守军营等的那些低潮。

但这次我打算从头慢慢看，尤其是红三连五班那一段。

许三多刚开始当兵，他不知道兵应该怎么当，而且他知道自己资质愚钝，是高连长所说的"骡子"而不是"马"。也就理所当然被分配到红三连五班——一个鸟不拉屎的地方，整天与和稀泥的上司、一群混日子的战友在一起。

正如那些问我"没有梦想怎么办"的小伙伴，初入职场，周围人也都浑浑噩噩，薪水吃不饱也饿不死（真快饿死了估计反而会有动力），自认为也不是天赋异禀的人，前途简直渺茫。

许三多不知道可以干吗，当然他可以学打牌，但他觉得"没意义"。所以他每天去踢正步，然后又找到"修路"这件事。而由此他得到机会进入团长的视野，并由此开启他生活中的另一段路程。

我刚开始工作的时候是公务员，薪水并不高，工作也不能算清闲，但总有一种无聊感，因为不是在业务部门，所以也无法在专业技能上磨砺。那个时候有一项工作，就是把领导手写的稿件在电脑上打出来，然后校对。打字间是一个远离办公区域的小黑屋，我就自己跟自己竞赛，自己计算半个小时可以打多少字，用最快速度做完工作，然后再奖励自己打会儿游戏。

还是觉得很无聊，于是在开会的时候我就背单词。其实做公务员并不需要英语技能，但总觉得自己应该做点什么。同事们也打牌，午睡，闲扯，看各种报纸新闻。我也隐隐有点像许三多那样觉得"没意义"，于是晚上再去读夜校，学的也是跟工作毫不相干的专业。

学英语，读夜校，看了不少书，并没有特别明确的目标，若问我那个时候梦想是什么，我也只能回答"希望过得跟大多数人不同一些，希望有更多自由支配的金钱和时间"，不会像现在这般，对未来的道路看得比较清晰。

直到工作了三四年后，才下决心要去读MBA，回首发现，学英语，读夜校，看那些乱七八糟的经管书籍，居然都没有白浪费时间。就像许三多，恐怕在钢七连体能出众，跟他在五班每天挖石头修路也有点关系吧。

与之鲜明对比的是许三多的战友李梦，李梦有一个明确的梦想，写一部"200万字的伟大小说"。李梦有能力（要不然后来也不会去做宣传干事），有梦想，也有条件（大把大把的时间），但是，李梦同学从来没有写完过200字。

一条路，是由一块一块石头砌成的，一部200万字的小说，是由一万个200字组成的。一个真正的梦想，是由每天做一点来实现的。

所以若真要问我，"怎么找到自己的梦想？"我还是没办法回答，这要你自己找，我是一个外人，空口说白话，既不享受好处，也不承担责任。但是如果你问我"暂时找不到梦想怎么办"，那我建议你学学许三多，找一件自己觉得有意义的事，每天坚持干下去。看书也好，学英语也罢，哪怕每天只是把手上简单的工作干得漂漂亮亮也可以，只要每天坚持着做下去，我猜你会发现，这一切都不会是白费功夫的。

补充一个小故事，早上我在微博上说："对付心理低潮，我觉得我的阿Q精神大放异彩，就是找一个比自己还惨的倒霉蛋。看发烧门诊的时候顺便去烫伤科转一圈，脚骨折的时候就路过一下癌症病房。世界上总有很多个比你还惨的人，这样想我的心情指数瞬间飙升！"

然后有个长投的院生"空"来跟我说："怎么办？我觉得周围的人都比我厉害！"她是学画画的，数学基本上是零基础，初级课买了2次才学完。

我跟她说："不怕不怕，你比画画的人懂投资，你比投资的人懂画画。"（这个安慰很阿Q吧？）

然后，我们俩灵机一动，干吗不把这两种东西结合起来，这样就变成她的优势了？！其实她之前已经这么做了。

在这之前，她也并没有找到明确的方向，只是决定给自己定一个战隼所倡导的100天计划，在这短短的100天做一点事而已。

如果没有梦想，就请用100天做点你认为有意义的事吧。减肥也好，学化妆也好，画画也好，哪怕每天看10页书也好，总之，正如我常说的"Just do it"！

茅盾说：我从来不梦想，我只是在努力认识现实；戏剧家洪深说：我的梦想是明年吃苦的能力比今年更强；鲁迅说：人生最大的痛苦是梦醒了无路可走；苏格拉底说：人类的幸福和欢乐在于奋斗，而最有价值的是为了理想而奋斗。

CHAPTER 03

未来是你自己的，
为自己而努力

不要以为你的努力徒劳无功，

权当作磨炼你的意志，

只要努力去做事了，

多多少少会有收获，

一直坚持做下去，

就会走向成功！

努力做好身边的小事，

认认真真地过好每一天！

用最少的悔恨面对过去，用最多的梦想面对未来，没什么值得畏惧。差点的，再加把劲；蹉跎的，下定决心。相信自己，证明自己，不要留下任何遗憾；心向往之，行必能至。

不对自己狠一点，谈什么美好的未来

[01]

"我突然觉得现在的年轻人好难啊。"正在自主创业的老同学发来短信感叹。

同学所在的公司正在招应届毕业生，按照现在的市场价，起薪3000元。"这是8年前我的起薪。现在3000块钱怎么活啊，北京的合租房至少也要1500元一间了吧？"

艰难、窘迫、无奈，相信这是现在不少年轻人初入职场时的切身感受。不仅仅是自身价值被低估的问题——寒窗苦读十几年，甚至无法换回一份可以养活自己的收入，内心的煎熬和痛苦可想而知。

同样是工作第一年，同样是3000元的收入，不同的人会有不同的应对方式：有的人只愿意拿出一部分能力和精力投入工作，以匹配自己眼下的收入，求得内心的平衡；而另一部分人则甘愿倾力付出却不计回报，拿着3000元的钱，操着3万元的心。

究竟哪种方式更好，见仁见智。但对一个职场新人来说，第一份工作除了是谋生手段之外，更是一个机会。在这里，你学习职业技能，积累人际资源，洗掉学生气，试着以共赢的姿态与人合作。

在一个人的职业生涯中，第一年的意义就像挖井。挖到1米深处，隐隐有水渗出，你当然可以就此打住，安享有限的劳动果实；但如果你能对自己狠狠心，耐住寂寞坚持下去，3米深处，很可能就是汩汩的甘泉。

[02]

家门口美发店里的洗头妹在她职业生涯的第一年便开始谋划未来——升级成为美发师。

上班的日子，她每天要从上午10点忙到夜里10点，回到集体宿舍就几乎累瘫掉，一觉醒来又是新一轮忙碌。20岁出头的女孩，爱玩爱美本是天性，所以当她那天说，每周一天的宝贵休息日被用来报班学习剪发时，我瞬间对这个小姑娘充满了敬佩。

洗头妹的工资并不高，平日里省吃俭用成了习惯，但花几千块钱在发型师培训课程上，她却豪爽得不得了。她对我说，现在这工作年轻时干干还行，但自己要为长远打算，学一门真正的手艺。趁现在年轻，辛苦一点不算什么。

160元的假发套，一周就要消耗掉一个，这是学费之外的开销，对洗头妹来说，压力不小。她尽可能把每一个假发套充分利用——从女士的长发剪到中长发，再剪到短发，接下来是男士发型、偏分、板寸，最后是光头。每天店里客人不多的时候，她就躲到后面，对着这玩意儿修修剪剪，然后再拉着发型师仔细讨教。

用假发练手总是不过瘾。洗头妹请示了老板，在附近的建筑工地贴出告示，每晚8点半，免费给农民工剪发。我每次晚上路过那门口，总会看到三三两两的农民工围在一起，任由她打理头发。因为是免费，没人计较她的技术如何，就算是剪坏了，多半也不过是呵呵一笑，"反正过两天又长出来了"。

你能想象吧，当我逐渐从诸多细节中将这个故事拼凑完整的时候，我的心中充满了震撼和敬佩。也许洗头妹的生活对我们大多数人来说很遥远很陌生，但她在职业生涯第一年中所展现出来的勤奋、坚忍、远见和智慧，却值得我们学习借鉴。

我们往往会感叹"理性很丰满，现实太骨感"。扪心自问，多少人有洗头妹这样的勇气，敢对自己下如此的"狠手"——最大限度地挖掘自身潜力，用实际行动逼着自己往前走，而不是坐在那里怨天尤人？

工作前几年，首先需要磨炼的是职业技能。从学校到职场，每个人的角色和定位都会发生巨大的改变。如何用最短的时间把书本上的理论、公式、概念、理想模型，转化成实打实的方法、经验、技术和业绩？如何在现实的种种不理想状态中找到最优方案？如何尽快察觉自己在哪些方面还达不到岗位要求？如何确立职业发展目标并一步步为之努力？——所有这些，唯一的解决办法就是多做事，在一次次成功或者不成功的实践中，答案自会浮出水面。

[03]

小雷工作的第一年，我就预感她会成为一名出色的销售员。

之所以有这样的判断，原因只有一个：她愿意把时间和精力花在那些看似无用的助人活动上，心甘情愿，从不计较得失。

有一次打电话给小雷，她正带着一个巴基斯坦青年爬长城。"腿儿都遛细了，"电话里小雷的声音听上去有些疲倦，"这周还要去故宫、颐和园、天坛、十三陵……"

简直莫名其妙——不管是巴基斯坦青年还是逛北京这件事，都跟小雷的工作、生活扯不上半毛钱关系。

后来我才知道，小雷的一个并不算太熟的朋友在某次聚会中说起烦心事：一个有恩于他的巴基斯坦哥们儿要来，人家一句中国话都不会说，他自己上班时间又不可能跑出去，只能四处求人帮忙陪同兼导游，但屡屡被各种理由推托掉。

饭桌上七八个人谁都不吱声，只有小雷傻乎乎地搭茬儿："你要是实在找不到人，我去吧。"

事后，那个朋友摆下大宴答谢小雷，其间几次提到"你们公司那产品……"。小雷只是微笑，说："我帮忙是看你当时太为难，不是为了让你买我的东西。我们的产品你现在用不上，等你真正需要了，再找我吧。"

小雷给我讲这段往事的时候，神情笃定："当时有太多人不理解，大家都觉得我有病，多此一举。但我知道，他是认定我这个朋友了，等他真正有需要时，肯定会第一个找我来买的。我觉得销售就得这么做，而且这种客户会特别忠诚，还会把周围有需要的人都介绍给我。"

看到了吧，小雷的高明之处不仅仅在于通过一次"徒劳"的北京游埋下了一份交情，更在于她并没有急着把自己的付出变现，而是静待它开花结果。

而这，恰恰就是一个优秀销售人员所需要具备的品质。

有的人做事之前喜欢计算投入产出比，再根据收益率的多少决定做不做、做多少、怎么做。这当然无可厚非，但对职场新人来说，这种权衡并不是可取的职场立足之道。实际上，很多看似徒劳的事情，其中埋藏着巨大的机会，说不定在未来的哪一天，就会成为你职业发展道路上的一块跳板。

退一步说，就算自己的种种付出没有得到回报，年纪轻轻的，多做些事情又有什么大不了的呢？小雷的"狠"就来自这种心态。

[04]

　　小梅的职场生涯从送一封信开始。

　　刚去单位报到的时候，小梅并没有被安排具体工作，领导嘱咐她，先适应适应环境，多跟同事学习。可小梅放眼一看，同事们各自对着台电脑敲敲打打，忙得脚打后脑勺，谁都顾不上招呼她。

　　小梅抱了堆材料在一旁翻看，忽然听到两个同事在低声讨论什么送信的事，大致意思是说，有份重要文件需要送到同城的另一个地方，交给快递怕不安全，自己去又抽不出时间。

　　"要不，我去跑一趟？"小梅适时地搭茬儿。

　　燃眉之急就这样被轻松化解，同事怀着感激仔细地向小梅交代此行的任务和目的，告诉她见到对方该说什么、怎么说，并叮嘱"注意安全，早去早回"。

　　人和人之间的信任不会凭空而来，一定是在某些共同经历之后，彼此才会有那种"你办事我放心"的默契。这次本职工作之外的跑腿儿，让小梅迅速获得了团队成员的认同。而在职场上，信任这东西很奇妙，一旦建立起这种默契，我们就更容易把自己认为重要的事情交给对方完成，而积极的结果也会让我们更加确认自己对一个人的认同是正确的。

　　如果能在工作第一年就进入被信任的轨道，无疑是幸运的，也会为今后的职业发展打下一个良好的基础。而信任的前提是共事，共事的前提是做事，只有任劳任怨不计回报地多做事，才有可能获得同伴的认同，让那份幸运离自己更近一些。

　　这种"狠"，是过程之狠。

　　在进入职场的前几年里，不妨对自己狠一点儿——无论是关上门苦心修炼职业技能，还是从一次次无效劳动中寻找机会，或者通过每一次合作在团队中找到属于自己的位置，所有这些都可以归结为一句话：少说多做。而这，始终是让自己立于不败之地的关键。

人到中年可怕的不是一事无成，而是不能和平庸的那个自己握手说再见，却又对未来束手无策。你羡慕着马云人到中年咸鱼翻身，却忘了他在最落魄的时候也没有抛弃过最初的梦想。

有一种努力叫被动，那是因为钱的激励！有一种拼命叫我愿意，那是因为梦想的动力！我愿为未来缔造价值，我为梦想而生！人这一生，最终你相信什么就能成为什么。因为世界上有最可怕的两个词：一个叫认真，一个叫执着。认真的人改变自己，执着的人改变命运。只要在路上，就没有到不了的地方。

怨天尤人于事无补，唯有奋力向前

我曾经也是一个放荡不羁爱自由的人，自恃有点小聪明，便觉得什么事都可以得过且过。可是渐渐就发觉，这种想法是致命的，因为当你在原地休息，悠闲地欣赏路边风景的时候，曾经被你甩在身后的人早已默默地走到你的前面。

人总是在摔了跤之后，才知道疼。高中三年一直心态放松的我让我和心仪的大学失之交臂，去了一个偏僻的城市。在刚刚踏进本科大学校门的那一刻，我便开始后悔了。但是送我到学校的父亲将行李放在寝室后，留下一句"既来之，则安之"，就走了。我知道父亲的意思，怨天尤人终究是于事无补，我只能向前看。

大学，于是成了我学霸养成的关键时期，一次人生的转折点。

[你不管自己，没人会管你]

自制力是学霸的基本素养。我们要明白的道理是，没有人理所当然是你的管家，就连父母也不例外。

　　大学和高中最大的不同是监管人的退场。这也是为什么好多人会在大学时期感到迷茫的原因。一直以来很多人都是在父母老师的监督管束之下，习惯了按部就班的学习和生活。大学里突然多出来的自由和时间，让人一时手足无措。于是，时间在你徘徊踌躇之际溜走了，青春悄然虚度。

　　培养自制力是一个漫长艰苦的过程。太多的诱惑随时可能让你功亏一篑。是心中纠结疑惑，还是继续往前走，是自己战胜自己的过程。究竟怎样才能排除诸多干扰呢？其实关键就是要学会心理暗示，提前设想那些诱惑带来的种种负面影响，然后在心中一遍又一遍重复告诉自己。

　　另外，合理的时间规划也是必不可少的。以前是别人帮你安排时间，现在必须自己动手。不用什么APP软件，也不用什么记事本、备忘录，你的大脑便是最好的时间规划表。我会先给自己几个阶段性目标，然后围绕阶段性目标规划安排。比如我大一的目标是考四六级，我就会把一天中大部分课余时间用来学习英语，练习听力。大二的目标是拿到国家奖学金，于是在重点复习专业课的同时，我还安排课外书籍的阅读，发表学术文章。大三开始准备考研，每天除了看专业书，做习题，同时也涉猎新闻和政治，随时关注考研动态。

　　大学就是大不了自己学，说白了，你不管自己，没有人会管你。你可以选择在寝室睡上一整天，也可以选择在图书馆泡到深夜。

[你不努力，怎么知道自己有多优秀]

　　学霸的世界里，永远没有满足，学习是没有止境的。我们应该对未知永远渴望更多，对世界充满期待和好奇。

　　喜欢的事一定去做，并且做到尽善尽美。

　　应该的事一定坚持，绝对不半途而废。

　　不喜欢的事一定了解，这样才有资格说不。

成熟的人虽然爱憎分明，但是不会感情用事。任何事情都有值得坚持的理由和资格。有些人总是选择先入为主，还没开始，便开始猜测不可能的理由。

　　你如果不努力，不去尝试，怎么会知道自己究竟有多优秀？

　　其实，之前没有想过考研，心中的打算是早早找个工作，努力赚钱。后来母亲多次嘲笑我目光短浅，说我至少应该再走远一些，这世界还有太多的精彩。

　　我如梦初醒，九个月的备考时间，十几本专业书，四本政治重点，英语单词习题无数。一点都不夸张地说，就连在睡梦中我都是在看书做题。一觉醒来，真题册还盖在脸上。功夫不负有心人，我最终还是得偿所愿。如果没有这段努力的经历，估计我现在早就回家乡找了一份安稳的工作，然后平平淡淡过完一生。

[每一个学霸的心目中都有一位学神]

　　我奋发的另外一个动力来自我们班的学神。她就是传说中的那种天赋异禀，最关键是人家不仅天资高，还比谁都努力。入学的英语测试她是全系第一，但是大学的英语课我从来没看她偷懒，手机里全是英语听力，床头摆的都是英语单词书。动不动就跑到英语角和老外练习口语。

　　除此之外，她还一直是我们年级的专业第一。她总是能轻而易举回答老师的问题，提出犀利的观点，几乎所有专业课都是优秀成绩，年年都在拿国家奖学金。但她总是很谦虚地说，自己运气好。其实我们都知道，学习是老天给她的能力，而她也丝毫没有浪费这份赐予。

　　大学四年，我一直以她为榜样，从早睡早起的习惯，到课上积极提问，努力阅读专业书籍。就这样，我始终保持着专业前三的成绩，最后，在一路的学习和追赶中，我终于超过了她。

　　后来她打算出国留学，被学校评为学习明星后曾经到香港游学。我看着她从香港发回来的照片，目光坚定而明亮。也许这就是她，我心目中的学神，就算拥有过人的天赋，却也努力得让人感动。

［我终究没有辜负自己，也没有辜负青春］

如今，考上研究生的我已经把学习当成了一种习惯，生活中的一部分。

研究生阶段，除了认真地完成课业，我大部分时光都给了图书馆，一个学期下来，光是专业书就看了20多本。但这是一个极其枯燥而且寂寞的过程。在漫长的时光里，唯一陪伴我的是那些带着墨香的文字。后来，我开始尝试像作者一样思考，选定话题，构思文章，就这样，我开始接二连三地在期刊上发表文章。

我的好闺蜜一直在为我的终身大事着急，总觉得我天天与书为伴，很难找到对象。时间长了，人都变得古板无趣。

但事实上，我总觉得人生还有许多很重要的事情要去做。我虽然寂寞，但是并不孤独，因为每一天都是充实的。考商务英语、翻译证书和教师资格证……我不断尝试新的领域，挖掘自己的潜能。只因"花无重开日，人无再少年"。

现在回想起来，我依然十分感谢曾经的自己。我终究没有辜负青春，也没有辜负时光的赠予。

你的选择，就是你的世界；你的世界，就是你的选择。人生充满选择，因为人生充满变数。关键的选择决定一生，细小的选择影响心情。不要抱怨，抱怨就是一种选择；要努力改变，这才是正确的选择。过去的选择造就了现在，现在的选择决定未来。无论怎样，学会积极吸收正能量，这是关乎一生的选择。

如果真的不知道将来要做什么，索性就先做好眼前的事情。只要今天比昨天过得好，就是进步。长此以往，时间自然会还你一个意想不到的未来。

当你足够优秀，机会便会不请自来

［01］

两年前，我在一家广告公司上班，那是一家以做汽车团购、策划执行为主的公司。总经理是位30多岁的东北女人，姓郁，易发脾气，语言犀利。

面试那天我穿了一件米白色网花紧身裙，衣领有一圈小白珠子点缀，和一双红色高跟鞋。为什么要强调这点，因为熟识后，郁总提起，当初选择我，只是喜欢我的穿衣风格。好吧，就是这么任性。

我去面试了编辑这个职位，然而上司说希望我能不仅限于这个方向，还要往推广营销这方面发展。于是我以编辑的身份，迈向了推广策划的路。我想，除了出版社或规模较大的传媒公司，已经没有需要只会写字的单位了，现在是个创意要比文笔更值钱的时代。

［02］

前期教我的是一位严肃冷淡的大眼睛姑娘，大家叫她海涵。"海涵，青岛的报样寄出去了吗？""海涵，这是周三要投的广告？""海涵，887电台的硬广录好没？"海涵是办公室里每天被呼唤最频繁的一个名字。

于是，我发现她是唯一一个即便没有领导在，也会一直主动工作的人。

她其实并没刻意教我什么，只是在做事情的时候，让我在旁边专心看，偶尔会有讲解。她做什么都要带着我去。比如说拍照，每次投了LED广告，都要自己先拍好，然后发给客户看。比如说买报纸，公司订得不够，有时忘记告诉报社预留，就要在投放当天上午买好，通常到了晚上就卖光了，而且还要做台账。

那时我对她说的最多的话就是："这也是你做？"语气中不免有些惊讶。她看看我说："对，以后就是你做了，你是来接替我的。"我说："我面试的是编辑。"她说："我也是。"我有些不爽，心想我又不是来跑腿的。后来才知道，在我之前有3个人，试用期没几天就走了，因为要做的事情太多，而且杂乱。

[03]

我们常常会因为多做一些不属于自己职责内的事情，感到不满或心生抱怨，也会对一些看似无足轻重的事情产生不屑，想着："谁都可以做的事，干吗要我做？莫非是领导觉得我能力不够？"不过话又说回来，既然谁都可以做，为什么你不行？一味地自恃清高，显然有些愚蠢。

也会有这种情况，但凡多做了一些事，就一直挂在嘴边，生怕他人不知道，一副我可是为了你的姿态。却不知这多数不但不会引发感激，还可能适得其反，让人生厌。每个人内心都有一杆秤，做了什么，做了多少，大家心里其实都有数。

[04]

如果用一句话形容公司环境，那就是"麻雀虽小，五脏俱全"，扫描、打印、单反、对讲机等等，样样都有。那个时候我才意识到自己过于无知，很多电子产品都不会使用，特别是对于一些常识的匮乏。

印象较为深刻的是一次U盘事件，传完文件后我没有安全弹出直接拔了下来，倒不是不知道，只是没在意这些细节。被刚好经过的郁总看到，她回到办公室后发来信息：我真怀疑你之前是不是一张白纸？你要学习的东西太多了。

试用期还没结束时，郁总带我出过一次差。那是7个城市联办的大型团购活动的前期协商会议。抵达的途中有些堵车，不知道是不是在路上过于拘谨的缘故，我晕车很严重，强撑着开完会，接下来的聚餐没参加就回了酒店。第二天去了下一个城市，刚好有一个许久未见的同学在此地，会议结束后，我与同学约见，很晚才回到酒店。

第三天，郁总面容平和地说："下个地方我自己去吧，你晕车也不舒服，刚好去和同学玩玩，接下来也没什么需要你记录的事情了。"我一脸兴奋地问："真的吗？"于是就真的和同学去玩了一天。

[05]

次日，回到公司上班时接到郁总的电话："我觉得，你并不适合这份工作。就说这次出差，在路上还要我照顾你，感觉不是和我助手出门，而是带了位娇柔的大小姐。"我面红耳赤，呆了十几秒。然后本能地争取到了一次机会，等这次活动结束，她再做最后决定。

挂了电话后，我开始有所反思。也想过自己的反应，为何在一个工资并不可观，工作又如此忙碌杂乱的状态下，还要想去争取这份工作。我那时需要负责：广告的投放，和电台的对接，和客户的对接，和报社的对接，收集整理已投的广告证明（报纸、照片、音频），做台账，拍照，写广告词，写主持稿。

如果遇上活动，前期要跟随上司去各城市开会，研讨方案。活动当天就变身为场控，和模特对接，和协调员对接，布置现场，协调到场人员，还要去买礼品……这所有的一切，都是我不擅长甚至并未接触过的领域，前期做起来还是较为吃力的。

[06]

答案无疑是，痛并快乐着。

我发现我享受做这些事情的过程，我觉得能和每天在电台听到的主播沟通工作，虚荣心很满足。看着报纸上登着自己写的软文，电台里播着自己写的广告词，有成就感。特别是在做活动的时候，感觉就像个导演，对所有环节都了如指掌，看着大家在我安排的剧情里对号入座，很有趣。

所以那次活动很成功，郇总对我甚为满意，说："原来你的能量一直积攒着发大招啊。"

我承认，我是个喜欢有新鲜感的人，也愿意接受有挑战的生活，所以总是在辗转，在变化。

[07]

这份工作让我每天都很忙碌，同时也学到了很多。从一个连软文和硬广都分不清的"小白"，成长为可以在活动现场独当一面的"高中生"。后来我的工资涨了好多，琐碎的事情也少了很多。然而我很庆幸那次鼓起勇气的争取，感激给予我机会的人。

实际上我的大部分工作都并不是因为工资可观，而是因为公司愿意拿出更多资金培育我，给予我更多学习的机会。让我在这个公司里能够展现自己的价值，这才是最开心的事。

我现在的上司曾对我说："你知道我什么时候最开心吗？就是好多人有解决不了的事情总要找我，让我觉得自己一直很被需要，每次忙完都在心里暗爽，这个公司真的不能没有我。"

[08]

为什么会出现领导在和不在，完全两种工作状态的情况？为什么会觉得没事可做只是盼着下班？为什么会觉得怀才不遇心生抱怨？……很多人只是把工作当成一条谋生的渠道，一件不想做却必须要做的事情。有些人却把它当作事业、理想去努力。

一天中至少三分之一的时间都在工作，能在工作中创造什么价值，获得什么，做得开不开心？是该好好想想了。

我一直相信，当你足够优秀的时候，就会出现很多机会。你所有的努力，都会有所得，不在这里，也在别处。不是今天，就是明天。

未来就在手中，是现在的延伸，所以做好当下是最现实的。每一个当下都是因，都是我们播种的机会，都是我们准备的机会。我们只要不断地准备自己，充实自己，收获就会来敲门。你去找收获，你永远得不到满足；你没有去求，所以总有意外的惊喜。

一个聪明的人一辈子所创造的成就不一定比一个笨人所创造的多，因为笨人每天都在创造，而聪明的人可能创造一段时间会停下。所以，永远不要用你的现状去判断你的未来，只要坚持，你就一定能获得意想不到的东西。

每往前进一寸，未来便会愈加明朗

[01]

大学期间我爱玩，大二的时候有次看学校演出，看见一个个弹吉他的男生边唱边弹，他们甚至还组织起了乐队。

那时候我就觉得，会弹吉他真的是太帅了。刚好演出结束的时候有报名，我就兴冲冲地参加了。

那时候是一个大教室，老师是当时市里面有名的吉他老师，甚至当年水木年华来市里面演出，老师还给他们伴奏了。

可是，一个礼拜只有一节课，而且是四五十个人一起上，虽然老师好，也没法每个人都指导。

具体你能够练到什么程度，就要看各自的悟性以及勤奋程度了。

说实在话，刚开始前几个礼拜，我还天天兴致勃勃地在寝室里面瞎弹。

第一首会弹的是《小星星》，那天可把我乐坏了，一个下午也不知道弹了多少遍。

可是课程上到后面，越来越难，我也越来越跟不上，怎么弹都觉得不顺手，一回到寝室不自觉地就想要"葛优瘫"，一个学期课程结束，我甚至连一开始弹的那首《小星星》也越来越不熟练了。

后来，那把吉他跟随我回到家，放在我房间里，我却始终都没打开过它。

我妈妈每次都笑着跟我说："你不是学了吉他么，怎么不弹给我听听？"

我当时一听这话，心里面就难为情，其实那时候的我，已经很久没有碰过吉他了，估计连基本的指法都不会了。

一个小爱好，我只是开了个头，短暂地过了个场，开幕没有多久，随后我就离了场，到了最后，这个爱好只能够尘封在角落，偶尔让我缅怀一下，找不到其他任何的意义了。

[02]

和我完全不一样的是我的一位学长。

那时候他和我是一起报名参加的。

两个人一起都是跟着老师学，一起学会了弹《小星星》，只是《小星星》之后我们两个的轨迹却完全不一样了。

我越来越差，而学长越来越好。

我一直都是停留于弹《小星星》基础阶段，甚至还不断倒退，当时的想法就是，我又不靠这个吃饭，想学就学，想不学就不学，我自己高兴就行。

学长反倒是每天都回去练习好久，慢慢地就学会了《当你孤单你会想起谁》《丁香花》等这类流行歌曲，随后还越学越深，弹得越来越流畅，就连上课的时候老师都点名夸赞了。

"学长，你这么弹，手不疼啊？"说真的，弹吉他按得还挺用力，每弹一次吉他，我都觉得手好疼。

"一开始疼，后来慢慢就习惯了，弹多了就好了。"当时听到这话，我心里就是一愣。

其实，我也是想要学好吉他的，可是越是到后面，越是力不从心，归根结底，不过是我怕苦怕累，不愿吃苦罢了。

只是，这世界上哪一件事情，不是这般？不都是最初美好，过程痛苦，结局光明吗？

学长后来还是跟着老师深入学习吉他，毕业前夕，他已经能够教小学生们弹吉他了，一开始一小时50块钱，后来因为水平高，价钱也越涨越高，毕业的时候，已经一个小时两百元了。

学长毕业之后，回到家乡做了一名机械设计工程师，据说平时不工作的时候，还是会教孩子们弹吉他。

一直到我前两天和学长聊天，我这才发现学长的人生，似乎又转了一个弯。

"陆，有空找我来玩，我最近开了家吉他社，教孩子们弹吉他。"隔着手机屏幕我也能够看到他的轻松自在。

"你之前的工程师，不做了啊……"

"前段时间觉得太累，还是教孩子们练吉他比较开心，就自个儿琢磨着开了一家，好在家长们也挺支持，以后这个就当主业了，日子过得去就行了。"哪怕我没有见到学长的模样，我也能够想象得到他的容光焕发。

我突然之间发现，原来人生，居然还有这么一种过法——进可攻退可守。

我从来不是只有一种出路，我从来不是只有一种赚钱的手段。

大学的时候，我的专业好，又好学，然后出来找到对口的工作。

可是偏偏啊，我又有了一样新的技能，而且，我还学得很好，并且，这项技能还能够赚钱。

我发现，我的人生顿时一片海阔天空，心里有货，脸上不慌。

累了，我可以很坦坦荡荡地辞职，不再担心没法养活自己。

因为我还有一种赚钱的方式。

究竟怎么样才能够过上自在的人生？不过就是你自己来掌控你赚钱的方式，你生活的方式。

而每一项技能的获得，都为你增添了一种新的可能性。

你往前走了一大步，然后，世界突然又多给了你一个选择。

[03]

大二下半学期的时候，有段时间我疯狂地学英语。

没错，就是疯狂。

我一般早上五点半起床，洗漱半个小时，然后跑到操场上去大声朗读一个小时，之后回到食堂吃早饭，就连吃早饭的时候，我的耳朵里面还塞着耳机，在听BBC。

吃完早饭我也不回寝室，紧接着就会跑到早读教室里面，一直读到8点10分，然后赶到教室上课。

一天的课程结束之后，我会对着电脑，拼命地练习发音，就是很笨但是很有效的方法，我就对着电脑里面播放的美剧，一集我要看上一个礼拜，就把里面所有人的话，翻来覆去地说一个星期。

晚上出去跑步的时候，戴上耳机，边跑边听歌，那时候，我的手机里，从来都只有英文歌。

为了让我适应英语的方式，手机的屏幕一律被我换成全英文。

当时就只有一个单纯的念头，我要把英语好好地说出来，就这么简单。

两个月后，我们这一届的学生，去参加展览会，去帮助外商。

我遇到的是一位巴基斯坦叔叔，其实巴基斯坦大部分人英语都不太好，遇见的这一位叔叔却是例外，许是走南闯北，去的国家多了，见识颇为不凡。

巴基斯坦叔叔不会说中文，每次有顾客过来，只能我在一旁协助帮忙翻译沟通。

不知道为什么，我们两个明明只是第一次相见，沟通交流甚为默契，简直是无缝对接。

我专心帮忙售卖，努力表达客户的意思，他认真理解，随后对我阐述内容。

一来一往，居然是恰到好处，完美配合。

我突然发现，我苦练了两个月的英语，就在这一天，突然发挥了极大的作用，忙的时候根本来不及想一下再翻译，很多话都是一瞬间脱口而出，然后，叔叔秒懂，最后，生意成交。

那一次展会，叔叔只停留了3天时间。

可是啊，就只是这短短3天，给我的收获，甚至比3个月还要大。

我和叔叔成了好朋友。

他只会一句蹩脚的中文："巴基斯坦和中国是好朋友。"然后，说完话，就会对我笑笑。

他也会调侃地说道："哦，Sunny，在巴基斯坦，这是男生的名字。"

最后，他会认真地说道："Sunny，以后没工作了，就来找我。"很认真的口气。他给我留了号码，我知道他不是在开玩笑。

一直到现在为止，我都和叔叔保持着联系，偶尔会闲聊几句，叔叔还会对我说："Sunny，什么时候来为我工作啊？"

我每每听到这句话，总是会骄傲地说一句："等我失业的时候啊。"

若是没有那两个月的勤学苦练，就没有那几天的脱口而出，若是没有那几天的脱口而出，说真的，我也不确定，我能否和叔叔的关系保持得这么好。毕竟，磕磕绊绊的英语，是阻碍我们交流的屏障，无法顺利地交流，又何谈关系的促进？

毕业之后，我并没有从事与英语相关的工作。

我投入了互联网公司的潮流，加班是常事，文案写作要懂，PPT要会做，数据要会分析。偶尔会有抱怨的时候，只不过，不知为何，我的内心，从不恐惧，从不慌张。

就好像是知道，哪怕没了眼前这一份工作，我还有退路，我还能够去做英语老师，并且，我能够做得很好。

眼前的这一切，只是因为，我在系统地学习一样新的事物，让它成为我让这世界对我开出第二张特殊通行证的关键钥匙。

我突然之间就明白了学习的意义。

只不过是当我发现，一条路走不通的时候，我还能够转过头去，还有另外一条路可以选择，而不是一条路走到头，发现走不通了，只能够一边流着血泪，一边拼命地往一旁撞，然后头破血流，发现还是比别人慢。

学习的过程自然是痛苦而难受的，只是，技能的获得，让我面对这个世界，一下子有了充足的底气，我能够自然而然只是因为喜欢才去做现在的工作，而不是因为赚钱，因为平时我也可以做家教，也可以赚钱。

我在一步一步地往前行，一点一点地塑造一个新的自己。

我突然之间就明白了，当你很强的时候，世界都会为你让路。

因为，在你变强的过程之中，你强上一分，世界就给你打开一条新的道路。

你越强，选择越多，这个时候，不再是生活掌控着你为柴米油盐而奋斗，而是你掌控着生活。此时此刻的你，才是真正拥有了选择的权力。

[04]

胡适先生说过："怕什么真理无穷，进一寸有进一寸的欢喜。"

我很喜欢这句话。

你每往前进一寸，你的天空，便有一片新的明朗。

你便会有一片新的开阔。

你突然之间发现，你之前的所有咬牙坚持，不过就是等待着这一条新道路的开辟。

你往前多走一步，世界就给你多一种选择。

你不再是被它牵着走，而是你掌控着方向，大步向前行。

所以，迷茫未知，不知所措，不过是因为你还不够好，所以没有和世界叫板的底气。

当你能够挺直胸膛，抬起头来，大步向前走的时候，你就能够发现，不管向左向右，抑或是向前向后，四面八方，条条皆通。

因为你足够好，所以每进一步，世界都会多给你一条道路。

从今天起要努力，即使看不到希望，也要相信自己。压力不是有人比你努力，而是比你牛几倍的人，依然在努力。工作遇到挫折，你退缩，说难；生活遇到困难，你抱怨，说苦。总怨天尤人，唉声叹气，不过是成全别人的成就，悲观了自己的路。即使今天不如意，但你年轻，努力便有希望。

不管你有再多的兴趣爱好，再多的社会关系，对努力学习有再深的厌恶之感，在青春期的每一个时间点，你都要明白，学习的重要性高过所有。你要无欲则刚，你要学会孤独，你要把自己逼出最大的潜能。没人会为你的未来买单，你要么努力向上爬，要么烂在社会底层的泥淖里。

每天的成长和进步会为你的人生加冕

[01]

是的，我曾经有过很多次的失败，今后也还会面对很多失败。每一次失败我都铭记于心，反复咀嚼，我知道这是我的财富，失败越多，我就越脚踏实地。我不敢奢望成功，只求可以一步一个脚印地走下去。

姐姐上完初中后，15岁就开始出去打工。

哥哥原本学习成绩特别好，经常在一些竞赛当中获奖，然而，等到初中升高中的时候，他却没有选择高中，而是选了一所中专。父亲曾经对他说："娃啊，你成绩好，考个高中可以上大学啊。"然而，哥哥摇摇头，什么也没说，眼睛望着在桌前写字的我。他为了早点工作，早点出来赚钱，决定学点技术，不读大学了。因此，他选择初中毕业就读中专。

我知道这一切都是因为我，家里的条件不允许供我们三个同时读书，于是他们把这个机会让给了我。父母把全部希望都寄托在我身上。

我刚上高中的时候，父母亲就已经开始筹备，要给我攒下一笔钱，留到我上大学的时候交学费。这笔钱对于很多家庭来说，不过是九牛一毛，但是对于我的家庭来说，却是一笔需要事先计划的很大的开支。

父母亲召集哥哥姐姐，开了一个小小的家庭会议。为了不让我有太大的压力，这一切都是背着我进行的，因此会议的过程我不得而知。最终讨论的结果是，以目前的收入，实在很难应付3年后的这笔开销，因此母亲决定南下广州，找一份工作，期间要省吃俭用，说什么也要攒下几千块钱。

母亲没有受过多少教育，也不会什么技术。像她这样的条件，想找一份薪水稍微丰厚点的工作并不容易。最后几经周折，她终于找到了一份清洁工的工作。虽然工作辛苦，但是应付了房租和其他生活必需的开支之后，还是能省下一些钱来。

我曾经想象过很多次，母亲是怎样用粗糙的手掌攥着被汗水浸透的一张张钞票塞进信封里，怎样在能够改善她自己生活条件的种种诱惑面前一次次按捺住自己微薄的愿望。她从未和我多说些什么，总是告诉全家人她在广州过得很好。她为我吃了多少苦，此后我自己到北京、上海打工的时候，才深刻地体会到了。

母亲南下打工后，留下父亲在家种田和照顾我。

父亲是个沉默寡言的庄稼汉子，他把所有的爱都融进了行动中。一个人打理十几亩的田地，现在想来那得需要多大的精力才能办得到啊。

高三那年，每每看到挂在黑板旁边的高考倒计时表，我都紧张得要命。我一遍又一遍背诵"政史地"，做的试卷堆满了整个书桌。我不敢有丝毫懈怠，晚上其他同学都睡觉了，我还拿着手电筒躲在被窝里复习。每天早上天还没亮，我就已经洗漱完毕，匆匆赶到教室，边吃早饭边大声朗读课文，甚至连上个厕所也要带着英语书。然而不管我怎么努力，每次月考的成绩都总是不尽如人意。

而那一年，我最终还是没能如愿考上大学。

我就像长跑中落在最后一名的选手，筋疲力尽，怎么拼命也追不上前面的选手。我不明白为什么我付出了那么多努力，得到的却是这样的结果。天知道那对我而言是怎样的一种孤独和绝望，对于未来人生的无法触摸让我对自己开始怀疑，我甚至觉得我的一生就这样了，只能像家乡的大多数人一样——娶妻生子，然后平淡地过一生。

可我害怕这样的生活，害怕那一眼就能看到头的人生。

高考后，我去广州看望母亲。这么多年，家里所有的活都是父母、哥哥、姐姐承担，我唯一的任务就是学习。现在这样的结果，真不知该如何面对母亲：我不知道该如何面对她工作的艰辛和劳累，我不知道该如何面对她的失望。

见到母亲，我自责不已。而母亲只是平静地说，再给自己一次机会吧。

在广州待了一个月后，我买了回老家的火车票，开始了复读生涯。

经过一年暗无天日的努力，我终于获得进入一个普通二本院校的机会。

我从来不是天资聪颖的那一类，我总羡慕那些不用努力成绩就可以非常好的同学。但仅仅是羡慕而已，我没有那么多的时间去思考这背后的东西，我唯一能做的不过就是付出比他们多得多的时间，然后考个和他们差不多的分数，仅此而已。

[02]

高考后填志愿的时候，父母在征求了很多人的意见之后，想让我学金融，说以后好找工作。

那时候，我不知该填什么，也不清楚自己未来会做什么，但喜欢读书、写文章的兴趣始终深藏在心底，于是为了实现这个梦想，我违背父母的意愿，偷偷在志愿栏里填了中文系汉语言文学专业。

生活不可能完全按照你定好的套路出牌。大学四年里，我给杂志社的投稿全部被退回，网上参赛的作品也全部落选。

那年冬天，为了参加一个征文比赛，我把自己关在租住的小屋里，用整个寒假，写了一篇两万字的中篇小说。

数个冷清的雨夜，一盏灯光暗淡的落地灯，窗外寂寥冷清的黑夜，只听得见电脑键盘清脆的声响和风吹树叶的摩挲声。我反复揣摩着小说的情节和人物的对话，有时写着写着就忘了时间，回过神来，发现已是凌晨四点。

投稿一个月后，我收到的只是冷冰冰的一行字：你的文章不适合在本杂志发表，感谢你的参与。

真正冷的不是这句没有任何温度的话，而是一种绝望的心境。我知道，自己所有的辛苦都白费了，所有的付出都没有结果。我原以为，除了写作，我什么都不会，然而现实却是我连写作都不行。

一个月的心血和精力得到的只是十几个字的回复，这是多么大的打击！

我开始怀疑我的选择，我不知道这样的坚持最终会给自己带来什么，我也不知道经历了这么多的失败之后，会不会真的就有成功在远方等着我。看着一大箱子泡面数量不断地在减少，我读懂了这社会给我的磨砺，我知道并不是每一次付出都能有结果，我知道所有的失败仅仅是因为你的努力还不够。

我从来不是出手不凡的写手，没有郭敬明、韩寒的天赋，但是这不能成为我原谅自己失败的借口。我追问自己，写作这件事情对我来说究竟是出于热爱还是为了出名、挣钱？如果确定写作是自己的爱好，那么我就应该继续努力下去，在荆棘和坎坷中成长，终有一天会越来越好。

我给了自己一个确定的答案，于是我收拾起沮丧的心情，继续迎接可能的失败。这时的我反倒不害怕失败了，我相信我的每一次失败不过就是自己还不够努力的结果，如果我们刻意寻求所谓的答案，就会深陷其中无法自拔。

记得帕慕克曾经说过：我写作，是因为我天生就需要写作；我写作，是因为我无法像其他人那样做别的工作；我写作，是因为我渴望读到我写的那类书……我写作，是因为我只能靠改变来分享真实生活；我写作，是因为我希望其他人、我们所有人以及整个世界都知道，我们在土耳其，在伊斯坦布尔以前是怎样生活的，今后仍将怎样生活……我写作，是因为我相信文学，相信小说的艺术，远胜于其他一切……我为了孤独而写作……我写作，不是为了讲述故事，而是为了编造故事……我写作，是因为我从来没有快乐。我写作，就是为了快乐。

所谓兴趣，就是说你喜欢的往往其实仅仅就是事情本身，并没有太多的目的性。我写作，是因为我能从写作中得到一种快感，而这种快感是别的任何东西都无法给予的，所以即使没有人欣赏，我仍然会坚持下去。我不愿意这一愿望被太多功利性的东西束缚，哪怕最后我没有得到一点回报。

[03]

大一时，我喜欢过一个女孩，她漂亮，英语讲得十分流利，文章也写得不错。她对人温和，从来不发脾气，温顺得像一只小绵羊。她简直就是我心目中的那个人。

那段时间，我爱她爱得几乎忘掉了自己，长这么大自己还从来没有这么喜欢过一个人，一天几乎24小时脑中全是她的身影：她一起身，我便想到她要喝水；她一微笑，我便觉得连阴天都变成了晴天；她跟我多说一句话，我都要开心半天。每天我殷勤地在她身边转悠着，就是为了让她有一天能注意到我。直到现在，我都觉得这是我这一辈子最疯狂的一场相思。

当然，所有的一切全部是我自己的单相思。

一年的时间，我始终和她保持着若即若离的关系，我不敢去表白，总觉得自己配不上她，生怕表白之后连朋友都做不成。

在一次朋友的生日聚会上，这种情况终于发生了改变。

那天晚上，在众人的喧嚣声中，我感到异常寂寞。尽管身边的朋友不断地发出欢笑声，可我眼前晃来晃去的，就只有她的影子。我一个人孤零零地坐在角落，没有心情和任何人讲话，只是一杯接一杯地喝着酒。

对她的思念煎熬着我。我受够了只能偷偷喜欢她而不敢说出来的这种痛苦，加上刚喝进去的几杯酒，也给我壮了胆。我迷迷糊糊趁着醉意，鼓起勇气给她发了表白的短信。

等她回信息的那5分钟，对于我来说漫长得不亚于一个世纪。我一会儿懊悔自己的冒失，生怕她回复，会把我的期望打得粉碎；一会儿又期盼她的回信，心中觉得还有万分之一的希望。我的心急剧地跳动着，不知道是由于强烈的期待，还是深深的担忧，又或者二者兼有。

手机终于响了。屏幕上显示着有一条未读短信。我紧紧闭上双眼，简直不敢打开那条信息。

我把脸转向墙壁。无论我的脸上显示出什么样的表情——是实现心愿之后的狂喜，还是失望落寞之后的痛苦——我都不希望被屋子里的其他同学看到。

我颤抖着双手，战战兢兢地打开那条信息。

屏幕上只写了3个字：对不起。

一切都在意料之中！

我本以为我只要鼓足勇气，表达了自己的心声，不管结局怎样，我都无怨无悔。可是，当这行字真的出现在我面前时，我还是觉得自己的心坠入了万丈深渊。

我瘫坐在那里，周围人的欢笑声让我感觉自己更加悲惨。我既不想动，也不想说话，只是一杯又一杯地接着喝酒，想要麻醉自己。

第二天，我以身体不适为由请了3天假，想躲开她一段时间，给自己一个可以复原的机会。

3天中，我拼命地打游戏，想要说服自己这个世界上有很多可以让人快乐的事情，爱情不是唯一能让人感觉幸福的东西。我沉醉在虚拟的世界之中，想把这段感情给自己带来的伤痛赶快忘记。没想到，越是想要忘记，越是记得深刻。

所以，几天后，当我回去时，离开时设想的波澜不惊、心如止水的状况根本没有出现，我发现自己已经陷得太深，没有那么容易复原。

我仍旧总是会想到她。看到她喜欢坐的座位，听到她喜欢的某一首歌，我都会睹物伤神。这一切，原先都能让我心中一动，带着一种温暖的感觉想起她。而现在，我知道，它们和她一样，都和我没有任何关系了；它们都和她一样，再也不属于我。她在我心里有过一个位置，她走了，那个位置也就空了。我的内心好像出现了一个黑洞，不断吞食着我的精力，却没有东西能够填补。

唯一值得欣慰的是，我已经不再那么纠结。自己努力过了，即使没有得到，也没有什么好遗憾的。我决定收拾好心情，继续自己的生活，我相信上天会把最好的东西统统都给我。

[04]

人生这条路，注定是一场艰辛的旅程。痛苦才是生活的本质，它让你感受到生命的真实。

很多事情注定是需要天分的。也许穷极一生你都没法在某件事情上得到一个"A"，那就在"B"的阶段尽情地享受"B"给你带来的幸福和快乐吧。这时的你只要朝着"A"的方向努力就够了，这是你一辈子的追求、一辈子的希望、一辈子的信仰，一辈子总要有一个理由让你值得活下去。如果你这样坚持了，最终有没有得到"A"就已经变得不那么重要了，因为你会发现你的生命已经充盈而满足。

能成为鹰的人是少数当中的少数，我们大部分人甚至都没法成为一只鸟，可能努力一生都只能成为风筝，任凭风吹雨打，一辈子都被一根线牵制着。如果你一辈子都成不了鹰，而只能做风筝，那你就享受做风筝的快乐吧。

很多时候，你追逐的东西可能得不到，这并不是最重要的，最重要的是你还愿不愿意去追寻。如果你愿意，即使到最后仍没有成功，你也收获了不一样的风景。

不是每一次努力都会有结果，但每一次努力，我们都在成长。也正是这一次次的努力，一点一滴的成长和进步，最终才能为我们的人生加冕。

以前不知道未来的路是什么，所以做很多事都觉得没底气，脚步轻，迈步小，时不时回望来路。后来实在没有别的选择，只能把精力都贯注在一件事上，用力走，跨大步，久了突然回望，发现居然走了这么远。也许，自己喜欢的路，不是找到的，而是走出来的。

不必去太纠结于当下，也不必太忧虑未来；当你经历过一些事情后，你眼前的风景会跟从前的不一样。吃别人所不能吃的苦，忍别人所不能忍的气，做他人所不能做的事，就是能享受别人不能享受的所有。

奋斗，才有未来可言

去年偶然见到一个高中同学。她自高中毕业后已经5年没有见过我，用她的话说："真是吃了一惊。"

我不奇怪她吃惊的原因。因为5年前，我还是一个说话大大咧咧，爱咋呼爱叫唤的"人来疯"，大象腿水桶腰，穿衣服特别没品位的"小胖妹"，没读过什么书，每次在全班同学面前念个学习汇报都紧张，"内涵"两字从来都绕着走的"傻货"。

大学四年与研一，所有的辛苦，终于在她那句"大吃一惊"和不可思议的眼神里得到了报偿。

辛苦倒也算不上，但毕竟也是日复一日靠着严格的运动锻炼控制住了体重，最开始3个月减肥近30斤，反弹一次后终于维持在了健康稳定的水平。朋友们爱问我减重经验与局部瘦身秘诀，我仔细回想，觉得每一种方法都可称秘诀，关键是要对自己够狠。那时大学课少，意志力惊人，什么拖延什么懒散都没有，春夏秋冬，6点钟的清晨，学校塑胶跑道一圈又一圈，那种哗啦啦从心底翻涌上来的朝气，使得汗珠也可以掷地有声。

还有很多个夜晚，校园被喧嚣覆盖，大家或是边嗑瓜子边看娱乐节目笑得前仰后合，或是在楼下和男友约会难舍难分，属于自己的那一隅却只能被安静笼罩。有时候在阳台上做漫长的瑜伽"英雄式"动作，或者在床上做漫长的"贴墙倒立"。有时候会听音乐，有时候会看本书，但更多的时光是悄无声息的寂静，但改变一点一滴地进行。

　　减肥教会我的，其实是一个极为简单的道理，不过是如何变成一个更好的自己。但同时，减肥又是一件极为困难的事，因为需要极强的自制力和没有任何外界强制时的自我约束精神。从那之后才懂得，所谓坚持，不过是日复一日地重复一件小事。跑步也好，做瑜伽也好，其他一切微小的事情也好，这件小事可能没有上淘宝来得轻松愉悦，也没有刷微博来得随意开怀，但是只要怀有足够的耐心，日复一日地坚持与重复，从量变到质变并不是一个漫长的过程。就像在别人眼里绝对不可能瘦下来的我只用了3个月就成功了。

　　后来考研，选了一个高不可攀的名校，别人的置疑和当年说"你看她胖得连腰都没有，哪年才能减下来肥"时的语气差不多。再后来，又是每天6点起床，在自习室里坐一整天，晚上11点一个人走回宿舍，还要在宿舍楼上的自习室里通宵看书。几百个深夜，学校的小路上空无一人。门卫大爷用手电筒帮我照亮一小段路，他说："小姑娘你一个人怎么不怕黑？"我沉默地摇头，只想说我不怕黑、不怕冷、不怕路远人单，只怕虚度了韶光枉费了年华。再后来应了别人的预期，和梦想心痛擦肩，但也够幸运，第二志愿顺利调剂，最终还是得到了一个好结果。

　　如今再回想那段时光仍旧感激之至，岁月飘忽如寄，那样不计前路地拼命和酣畅淋漓地付出大概只有一次，好似把一生的热血和热泪都已耗尽。好友写的话至今都留在笔记本上，她说："我们用人生最好的年华做抵押，去担保一个说出来都会被人嘲笑的梦想。"那个冬天永远不可磨灭，深夜漆黑，却觉得前路漫漫，未来可期，所有的梦都做得明朗透亮。那好像也是唯一的一次，让我觉得原本灰暗促狭的心被希望照亮充盈，一个壮阔的世界在等待着我迫不及待地去检阅。

这些年来，看书实习，组织社团活动，慢慢地克服了诸多弱点。参加数学竞赛拿了小名次，不再是那个高中时被数学老师坦诚寄语"我该怎么拯救你，你的数学"，怕数学怕得要死的人。参加演讲，写诗歌去朗诵，终于也能面不改色从容镇定地在几千人面前演讲。看了很多书写了很多字，一点一点去观察琢磨，让自己在肥皂剧和娱乐新闻之外找到归属，沉闷地积累着精神的厚度。策划晚会排练节目，新年夜灯火辉煌，坐在台下等谢幕，身边掌声雷动笑声起伏时觉得，啊，原来自己也可以做成一件这样的事儿。成长果然是一个时辰一个时辰熬出来的。别人手到擒来的事儿自己拼了命才得到，但那种成长的富足感如此耐人回味。也正是因为如此这般，日志才能写得丰厚踏实。

我大学的一个舍友，来自某全国贫困县，家住半山腰，手机信号都微弱。母亲早逝，家里姐妹四人，除她之外都早早辍学南下打工，靠助学贷款交学费，所有的生活费全部来自零零碎碎的打工。以我浅薄的视野，只觉得她是当真经历过生活苦难的人。大学刚开学时，女孩特别自卑，甚少说话，常常将自己隐没在人群里不发一声，表情里都带着一股胆怯。如今她毕业进入深圳一家知名外企工作，薪水优渥，淡妆适宜，身姿优雅，常被人唤作"白富美"。但只有我看得到她这几年来一步一步地蜕变，是如何拼命打工累到胃痛，在长夜痛哭过后重新为生活打拼；是如何熬夜学习顺利保研，看了一本又一本的书才做到谈吐大方；是如何作为班长获得全班同学交口称赞，又带领我们班成功突围校优秀班集体，甚至是如何一点点研究化妆方法才能打造出面试时的完美妆容。其实蜕变不是一件容易的事情，要走出自己性格的"安全区"当真需要层层挣扎和失败之后步步谨慎的反思改进。但若有大一和研二的对比照就可以使人发现，她是从一个看上去有些瑟瑟发抖的小丫头变成了浑身发光的知性姑娘的。有时我爱开她玩笑："哇，晋升白富美什么感觉呀？"她眼里突然带了泪："这么多年来的不安全感终于落了地，我最开心的是自己终于有力量去守护家人了。"当然，只有我知道，她一路披荆斩棘咬牙忍受，才从那个荒凉的大山里，走到灯火辉煌处一个温馨明媚的家。

　　我比谁都相信努力奋斗的意义，是因为人生来就不平等，世界就是如此残酷。但这不代表挣扎和改变没有意义，因为它是从狭隘的生活中跳出、从荒芜的环境中离开的一条最行之有效的路径。以前曾看过蒋方舟说的一段话，她说："我对社会的残酷，没有怨言，只有好奇。我想沿着'残酷'，去寻找它的苦难，寻找它的父辈，它粗大的根系。我要溯流而上，期待憧憬着巨大苦难之源如世间最壮丽之景扑面而来。你敢吗？你来吗？"

　　事实上，写这篇文章是因为最近小伙伴们聚在一起时均愁云惨雾。那篇由银行HR（人力资源主管）写的"寒门再难出贵子"一文让在银行实习的我们变得惴惴不安，被分分钟洞穿的慌张让拼命佯装的成熟和处处谨慎的步伐一败涂地。好像十几年寒窗苦读都付诸东流，厚厚一摞专业书籍不敌存款凭证一张，"资源"二字将读书时所有的宏图壮志击得粉碎。除此之外，银行坐柜的悲惨被小伙伴们倾吐如滔滔江水，客户经理的心酸被小伙伴们倾诉得体无完肤，所有奋斗过的青春以如此苍白的姿势告终，所有激情都将被琐碎无边的小事消磨殆尽。想到这里，如此酷暑中，心也竟一下子凉了下来。

　　但是我仍然比谁都相信努力奋斗的意义。虽然努力了这么久仍然买不起一件奢侈品，也去不了蓝色海岛上度一个悠然的假期，甚至可以预见到，自己未来挤公交车上下班的焦躁，和依旧淹没在柴米油盐中的平凡一生。但，还是"努力奋斗"这4个再简单不过的字，让我的视线跨越那个灰尘扑扑的小县城，抵达一个更广袤无边的世界。甚至，它成全了我所有卑微的梦想，不管是小学时的"考上大学"，高中时的"成为瘦子"，还是大学时的"在杂志上发表文章"，研究生时的"万水千山走遍"，如今我已经在路上了。我也相信，它将成全我更多卑微的梦想，带我去自己梦寐以求的世界。

好似所有的波澜壮阔都会化为细波，所有的锣鼓欢鸣都会归于岑寂一样，热血沸腾的青春带着它浩浩荡荡的气势一路走远了，只留下庸常生活里难以消解的冗繁、干枯、琐碎、燥热。但我仍然想找回青春里那汩汩流动的热血，去向残酷世界讨个说法，去和曲折命途勇敢单挑。

因为我比谁都相信努力奋斗的意义。

按照二十几年来"命运它从来不会给我最想要的东西"这一惯例，我可能最终还是会失意败北，失望而归。但好歹给孙子讲故事的时候能吼一嗓子："你奶奶当年虽然没有生在富贵之家，但一丁点儿青春都没浪费啊！"

既然当初选择了安逸懒惰，那就好好承受今天所遭遇的平庸艰难；若是心中仍有不甘，那就从现在起发奋图强。有时候世界就是这么公平。若是一边继续保持懒惰安乐，一边又期望自己未来能功成名就，觉得世界应该偏爱自己，那你咋不上天呢？！

你所浪费的今天，是许多人奢望的明天；你所厌恶的现在，是未来的你回不去的曾经。人生最可悲的事情，莫过于胸怀大志，却又虚度光阴。须知：当你在荒废时间时，有多少人在拼命。那些比你走得远的人，并不一定比你聪慧，只是每天多走了一点。时间残忍，珍惜眼前。

努力拼搏的热情来自不断前行者的内心

几年前，站在一所名校的门前，女友痛斥考研的正哥：所有人都误以为这里是梦开始的地方，我想告诉你，这里也是梦破碎的地方。

正哥说她太悲观，女友怪他不现实。于是，她转身坐上了另一个男人的豪车，甚至没有正式对他说再见。

有很长一段时间，正哥每天醒来和入睡时都会抱着她的照片。最难受的时候，他曾跑到雪地中，吞几口冰凉的雪，在雪地上写"I'm coming, coming, coming..."（我来了，来了，来了……）直至手指冻得没有知觉。

从此，正哥惜时惜命，把平日里所有的时间安排妥当，再挤出来一些时间去充电。记得那年夏天，我们一起出差去培训。坐飞机时，正哥在看书；见完客户，他去陪朋友打球；夜晚的街头大家疲惫不堪时，他依然兴致勃勃地逛书店；回到宾馆，我们都睡着了，唯有他床头灯还亮着，在啃那一串串千奇百怪的意大利语，在这之前，好学的他已学会了日语、法语……

最终，正哥考上了那所名校的硕博连读，在庆祝的party（聚会）上，正哥依然低调，依然对前女友念念不忘，误以为她在外面受伤了还会回来。

我们对他的这段爱情早已没了兴致，倒是觉得几年来，正哥逐渐变成了一个充满魅力的男人，就像"superman"（超人）。

这几年来，他会每天凌晨4点半起床读书，坚持夜跑，在时光的流逝中，从一个二百多斤的胖子瘦到了颜值爆表，从一个格子间的眼镜男一跃读到了男博。

正哥早已不像最初那样自卑，他可以从容地而立在一群姑娘中向她们侃侃而谈——悲伤的时候，不妨看看浩瀚而遥远的银河系，想象自己不过是一粒尘埃，那点伤心事就会瞬间化为乌有；被困惑缠身，不妨听听量子力学，原来身上的每个细胞都蕴含力量，可以听从意念的指挥，没有做成的事情，多半是因为没有持续用力……总之，每一件乱如麻的事，他都能瞬间理顺，我一直觉得这位罕见的"superman"，就站在我们的面前，思维理性，言辞感性，可以为任何人指点迷津，让周围的人听得五体投地。

望着姑娘们看正哥的崇拜眼神，男人们愤愤不平："世界上最可恨的就是颜值超高、智商爆表还多金的男人，妞们都被你给勾搭跑了！"

如此智商超群、博学多见的正哥，最思念的却是雪地里挣扎的时光，毕竟，有些黑夜只能独自穿过，有些寒冷只能一个人懂得。

正哥常常说，其实人和人的时间是不等值的。

比如凌晨4点半，大多数人还在梦中撒欢，哈佛大学却早已灯火通明。还有那位灌篮高手科比回答记者，每天都会在此时醒来去打球，不投进一千球，决不结束。这种不等值会随着时间的流逝，把我们之间的距离拉得越来越长。

我想，大概正是不等值的时间价值，把正哥一推再推，推向了一个我们可望而不可即的高处吧！

我也曾看过一篇文章说，最好的休息不是睡觉，而是交换着去做其他的事情。其实这就是努力的一种真实写照吧。如果没有精神支撑，没有向上的心，怎么可能走那么坚决，那么远？

我们在崇拜"superman"，对传奇般的正哥充满敬意时，若回头看看从前，便不难发现，他们曾经不过是普通人，一步步走来，正是那些不等值的时间，让那些格外努力的人在多年后看起来高大伟岸。世界更大，视野更广，因为努力就是最好的天赋。所以，别太在意结果，学习的本身就是意义，在这个过程中，你已得到最好的馈赠。

我一直在思考，除了时间的不等值，还有什么的不等值让我们变得如此不同？

记得那次培训归来，所有人都大喊解放，像是完成了一项艰难的考试，考过的都表示太幸运，没有考过的全抱怨题目太难。正哥却在朋友圈感慨，课程结束了，学习才刚刚开始，一段时光过去了，人生还要继续努力……

正哥的这几句话，让我突然看到人与人的不同，起跑的优劣早已变得无关紧要，重点在于你是否是那位终身都在努力奔跑的人，你是否已经意识到并认同越努力越幸运这句真理。

而后，直到正哥被公司公派到美国游学时，我们才悟到自己和一个默默努力的人之间的差距。原来，岁月无声无息地溜走，除了可以带走一些人的无聊时光，还可以充实一个努力者的人生。

听到众人的齐声祝贺，正哥谦虚地说，运气好，运气好而已。

旁人也许会认为他只是幸运地砸中了一颗金蛋，而一直待在他身边的我们却明白，正哥曾拼尽了所有，才看起来毫不费力地赢得了这个所谓的幸运。

送别的机场，一位男同事表示很想大哭一场。并非离别的场景让人感伤，而是多年前我们曾拥有同样的梦想和目标，当我们无法去实现它，继而嘲笑执着的自己时，却有人真的做到了，而且是在不动声色中，悄无声息地做到了。

突然想起，我们刚刚入职时，都格外热衷于看演说家的各种舞台show（表演），每次被演讲者的激情鼓励或温暖后，我们大多还是会回到最初的懒散，如此反复，没有终点。而那些比我们走得远、走得稳的人在拥抱了那3秒钟的热情后，却依然可以靠着余温继续前行。

如今，我才明白，那余温来自不断前行者的内心。

他们比任何人都明白，想做好任何一件小事，都需要努力，需要耐心，更需要慢慢来；他们比任何人都惜时惜命，所以才有资格享受拼命尽兴后的人生礼遇。

余下的时光，趁着岁月正好，带着内心热忱，朝心之所向，往前走吧！

相信世界不曾亏欠每一个努力的人，也会记得每个人的梦想。

归零是一种积极的心态。所有的成败相对于前一秒都是一种过去。过去能支撑未来，却代替不了明天。学会归零，是一种积极面向未来的意识。把每一天的醒来都看作是一种新生，以婴儿学步的态度，认真用好睡眠以后的时刻。归零，让坏的不影响未来，让好的不迷惑现在。

CHAPTER 04

勇敢踏出第一步，
梦想便会离你更近

当你在犹豫的时候，

这个世界就很大；

当你勇敢踏出第一步的时候，

这个世界就很小。

年轻，就要勇敢前行！

所有一切，都会在开始的地方结束，

在结束的地方重新开始。

年轻，就应该勇敢地上路。一步一个脚印才能体会到千山万水的广博和厚重，努力拼搏成功后才能体会到登上顶峰的成就，用心去生活才能体会到甘甜的幸福，用生命感受才能体会到美景极致的美丽。迈开自己的双腿向前奔跑吧，也许你的人生，从现在开始会越来越美好！

不用害怕，努力没你想的那么难

[01]

前几天，我和几个玩得要好的朋友吃饭。席间，比我晚一年考进B大的高中同学小阮说马上就到了硕士研究生报名的时候，但他不知道自己该报考哪所学校，为此，这几天他感到特别压抑，苦闷，吃不好饭，睡不好觉，影响复习。

小阮是那种不但人长得老实巴交，读起书来也很勤奋卖力的人。但是，不管他怎么玩命学习也好，乖乖听大人们的话也罢，他就是考不到高分，成不了学习成绩优异的学生，去不了他想去的学校。

这点，小阮和曾经的我真的太相似了。

我记得我读中学时，读书可认真刻苦了。我是走读生，从家里到那所中学大概得步行5千米。那时候，学校要求我们每天都得在5：45分起床，中途有10多分钟的洗漱时间，从6点钟开始上早自习，在教室念书的时间差不多有13个小时。当然，这只是一般人的标准学习时间。

但我是属于那种自我感觉笨笨的学生，脑筋死得很，每次上数理化这种理工类的学科都跟不上老师的节奏。尤其是，我的逻辑思维简直差爆了。

班主任周先生每次提问我相同的几何问题时，我都答不上来。他气得简直要死，站在讲台上用一根被粉笔磨得发亮的手指指着我骂——你个蠢货。

我不敢顶嘴，心隐隐作痛。

[02]

为了改变蠢蠢的自己，提高学习成绩，我只好比其他同学起得更早，睡得更晚。我5点钟赶到学校上早自习，晚上9点回到家后还会写两个多小时的作业。别人在课间时跑到商店买零食或者和同学有说有笑，我却待在教室继续复习或是预习。

很早的时候，我就听大人们说过一些道理，像什么"笨鸟先飞"啊，"早起的鸟儿有虫吃"啊，"世上无难事，只怕有心人"啊，等等。

我听过很多道理，也按很多道理那样去做、去努力、去改变，但后来我还是没有顺利考上县重点高中，也没有到理想的大学读自己喜爱的专业，我并没有活成自己曾经一直想要活成的样子，反而有很多时候，我常常会瞧不起自己，怀疑那些能鞭策我去努力、去奋斗的道理。

[03]

小阮说他学医的那几年确实很认真、很用功，但他还是学习成绩一般，感觉自己的能力并没有什么提高，自己和周边的同学比较相差甚远，尤其是英语这门课程，简直让他的心脏受到一万个伤害。

小阮觉得自己过不了考研英语单科线，即使他再努力一点，再玩命一点，再加上运气好一点，他能战胜英语，但他还是觉得自己比不过别人，考不上好一点的中医院校。

他说他想放弃，不敢再尝试了。

听他这么一说，我很难过。因为小阮是我玩得最好的朋友，无论是人品还是其他方面，我都认为他挺优秀的，更何况一直以来，我都觉得我们有太多相似的性格和差不多的经历。我们可以说是惺惺相惜，也可以说是手足情深，反正我愿意和他做一辈子的好兄弟。

所以，我很有必要用我在24岁以后所学到的成长经验，所能读懂的人生道理去宽慰他、鼓励他，叫他千万不要轻易放弃。

因为一旦我们选择放弃，那就意味着我们之前的努力白费了，我们会直接被裁判罚出赛场，连希望都不会有了。

[04]

其实，生活在这个世上，我们最害怕的一件事莫过于没有希望。

没有希望的生活就像荒芜的土地，干瘪的种子，冷血残酷的行尸，不但让人感到畏惧，还会让人失去继续活着的勇气，能把人推入绝望的谷底，万劫不复。

即便小阮和曾经的我都不能像别人一样轻轻松松就能考上好的学校，或是随随便便就能活得骄傲，令人瞠目结舌，我们也还是得坚持不懈地努力下去。

因为除了努力，好像我们都别无选择。

因为除了坚持，好像没有什么东西能够使得我们变得稍微优秀一点，离梦想更近一些，和别人的差距缩小一些。

很多年前，我以为自己过不了大学英语等级考试。于是，我虽然也努力学习英语，但就像别人三天打鱼两天晒网一样，我并没能每天坚持记几十个英文单词，听几篇英语新闻报道，做几篇阅读理解或是写一两篇英语作文。

那时候，我学习英语确实挺用心的，跟我同寝室的朋友也这么夸我，但很可惜我并没有每天坚持下去。

我只不过是沉醉在自己的努力里不可自拔，我以为我很努力了，以为上了战场就可以一举把英语拿下。

但事实上，等我到了战场上却惊奇地发现比我更厉害、更凶猛、更有真才实学者大有人在，我只不过是那个丛林里的一株小灌木，自以为每天努力地长高了，但实质上反而比从前更矮了。

后来，当我一次又一次经历着考试的失败，还有一些来自感情上的挫折，我才得以明白，其实，我曾经的努力是远远不够让自己拥有诗和远方的。

因为来到这个世上的人们都在努力，都在向上，都懂努力奋斗的意义。

而真正能够过上幸福生活或者能够实现梦想到达远方的人，一定比别人更加用心努力，更加踏踏实实，更加坚信执着努力的意义。

既然我没有身边的人那样聪慧，也追求不到他们现在所拥有的东西，还不能一下子实现梦想，那我就该明确每个阶段的目标，放低姿态，比曾经的自己更努力一点好了。

别人可以在大二时相继通过英语四六级考试，那我就多努力一年或是两年，争取在大学毕业前通过考试。

别人可以鼓足勇气报考985或是211类名校的硕士研究生，但我基础比别人差，也没有很大的把握考好一点的学校，那我就看清现实，不做一个眼高手低的人。

我只希望后来的我能比从前的自己更加刻苦认真，更加励志向上。

［06］

几个月前，我身边的很多朋友考研落榜了，他们很伤心。每当和他们谈论到读书这个话题时，我就仿佛回到了那样一个年纪。

那是一个会后悔、会失落、会郁闷、会感到失望，能让人觉得无比可惜的年纪。

如果他们多背一两篇诗歌，多检查一遍试卷，多考一两分，也许他们就可以读更好的大学了。

如果他们不把刚开始在试卷上选择的A涂换成B，不把报考的第一所学校更换成第二所，也许他们就不会名落孙山了。

如果他们曾经不放弃初恋，不和另外一个人结婚，不走当初的路，也许他们就可以过上更好的生活。

…………

曾经有无数种可能会在后来的现实生活中发生，现在的我们却偏偏要在曾经的故事里后悔不已。

是我们曾经的努力没有用吗？

不是努力无用，而是你把努力看得太重。

你不但舍不得每天坚持努力，还不敢正视真实的自己。你以为今天努力完就可以歇息几天；你以为只有自己一个人在拼命努力，别人都在疯狂玩耍；你以为得到了爱你的人后就不会再失去她，便不懂得珍惜；你以为自己多年以后不会像别人那样时常感到懊悔……

结果呢？你不但失去了梦想，还背离了初衷，更放弃了爱人，从此躲藏在悔恨的一隅不可自拔。

不是努力无用，而是你把努力看得太重。这是我在24岁以后，也就是在我离梦想更近一步的这天突然明白的一个道理，当我发现自己的能力还不足以让自己的身体和灵魂到达远方时，我还得踏踏实实地、开开心心地努力前行，不要操不必要操的心，不要等不必要等的人，更不能光顾着羡慕别人而忘了自己前行的路。

只要你足够努力，所有的美好终将如期而至。

选择时违背意愿，决定时没有主见。做一个完整的自己真的很难，那些竞争的压力，横飞的非议，生计的艰辛，都逼迫着我们不停地改变着自己。还是独立思考吧，不要随意去附和；还是勇敢承担吧，阳光总在风雨后；还是努力给自己喝彩吧，为了心中那不懈的坚持与固守。

走不出去，眼前就是你的世界，走出去，世界就在你眼前！如果你不花时间去创造你想要的生活，你将被迫花很多时间去应付你所不想要的生活！选择意味着改变，改变意味着行动，行动意味着执行，执行意味着收获结果！做最好的自己。

当你开始行动了，
你会发现事情并没有你想的那么难

[01]

朋友毛毛从2014年下半年开始密集写作，到现在已经坚持4年多时间了。

我认识他的时候，并不知道他还能写文章。有一次在他朋友圈里看到了一个不错的标题，我就点进去了。

读完以后，觉得文笔真好。可能是从某本畅销书里摘出来的吧。

再往下看，看到末尾的作者介绍，不就是这哥们吗？！

跟他一聊，才知道他已经坚持写作很久了，而且已经小有名气。

虽然中间因为读书、写作没时间陪家人，老婆经常对他大吼大叫；虽然被身边的同事朋友鄙视，说他做着不切实际的作家梦，但他依旧坚持。

前两天他在群里跟我说，老猫，有一篇文章点击量已经过4万了。

随着他的文笔越来越好，粉丝越来越多，被认可度越来越高，他老婆对他也温柔起来，坚定地支持着他。

我相信，以他的这股劲儿，作家，根本就不是梦。

[02]

好兄弟油桃当年跟我一起考研，我考了公费，他连调剂都没资格。

在万般失落下，他和女朋友去了深圳，从基层做起，一年后月薪上万了。

但这时候，女朋友父母坚决要她回福建老家发展，否则断绝关系。

看到女朋友在纠结，他把工作辞了，一起去了厦门。

在那里人生地不熟，一切从头开始，最穷的时候一个月只剩6百块钱。

但这哥们儿踏实肯干，被一个资本雄厚的大老板看上了，让他跟着一起做事。

两年时间，他学到了很多东西，也积累了不少财富，于是单干了。

现在，油桃在厦门有车有房，还给自己的弟弟妹妹解决了工作问题。

[03]

去年在网上认识了深圳的一位培训师，他想去参加某位名师的课程，但学费太贵，35 000块，他家境一般，实在是难以承受。

那怎么办呢？自己非常想去学习啊！后来他想了一个办法，在网上发起众筹。

众筹是这样的，费用分了几个档次，大家可以自由选择，他会给参与众筹的人提供不同的价值，比如说将他的学习笔记分享出来。

身边的朋友都觉得这事儿非常不靠谱，千把块还行，35 000块怎么可能？

但他还真就不信了，自己写了一篇文案，在朋友圈转发，再通过其他朋友转发，两天半时间把钱筹足了！

最后他如愿参加了这个课程，并兑现了他的承诺。

我为什么知道？因为我也参与了众筹啊。

[04]

昆明有位尹丽芳老师，有段时间发现自己迷上了思维导图，而且是越来越喜欢，于是，她有一天给自己定下了6个月完成100张思维导图的宏伟目标。

她曾经试过在一天内听3个网络课程画3张思维导图，据她说，画完以后有种浑身虚脱、大脑空白的感觉。

她的目标实现了，如期完成100张思维导图。

2015年，她受邀做了85场思维导图的线上分享，5000多名小伙伴直接受益。

她制作的《快来吧！思维导图很简单》《30天学会画画》等视频，点击量超过50万次。

"在自己热爱的领域里痛快地玩是一件幸福的事情。相信现在故事只是开始，因为我正走在成为高手的路上。"她说。

在这个想太多的时代，不想迷茫，不想留下太多遗憾。做一个果敢的行动派吧！

能让自己登高的，不是他人的肩膀，而是自身的学识；能让自己站立的，不是终日卑微的苟活，而是不屈的抗争；能让自己重生的，不是等待往事的结束，而是勇敢的告别；能让自己追逐的，不是心中远大的目标，而是不死的信念；能让自己瞑目的，不是一生辉煌的成就，而是终生的努力。

逼着你往前走的，不是前方梦想的微弱光芒，而是身后现实的万丈深渊。我们因梦想而忙碌，甚至不顾一切，在不经意回首间，才发现奔波的路上，全是梦想的残骸。曾经的壮志，早被无情地压缩成沉重的现实，让我们苟延残喘，举步维艰。脸上的笑容，毕竟替代不了心中的泪水。如果不勇敢，没人帮你改变现状。学会用一颗强悍的心，让过去过去，让未来到来。

你不去改变，自有现实逼着你去努力

通常有两种人能够取得成功：一种人把成功当成追求，另一种人被生存逼迫，不成功就成仁。剩下的那些人，只能碌碌一生。

[01]

到现在为止，我觉得生存是一个人首先要面对的事情。

大部分人和我一样，没有有钱的爸爸，因此在大学毕业之后，需要自己去找工作。首先是要能够自己养活自己。

以后结婚了，大部分女人也和我一样，没有找到家财万贯的老公，两个打工仔加在一起，开始为自己的小日子谋划未来。要买房子，有了孩子就要为孩子的上学打算……大部分人的生活就是这样。我的生活也是这样。

我还记得自己刚刚到深圳的日子。那段日子，让我真的明白什么叫作生存。

因为母亲的关系，大学毕业之后，我到深圳去了，放弃了外资公司的工作，到母亲的公司帮忙。所谓的公司，其实就是那种皮包公司。我和母亲还有她的几个带着发财梦来到深圳的亲戚——也算是她公司的员工一起，在深圳的一栋民房里每天忙忙碌碌，和形形色色的人碰面。用母亲的话来说："生意就是这样碰出来、谈出来的。"

母亲在我4岁的时候，就在我的生活当中消失了，然后在我18岁的时候突然出现在我的眼前。对于少女时期的我来说，母亲在我的想象里，是一个神秘而又亲密的人物。于是当她说"希望你大学毕业之后，能够到深圳帮忙"的时候，我毫不犹豫地去了。

记得当时我的父亲什么都没有说，他总是这样，每当我要决定做什么事情的时候，他总是什么也不说，即使之后我碰得头破血流地站在他的面前，他还是什么都不说。

我还记得那个夏天，我提着一个箱子，来到母亲既是办公室也是住宅的地方。母亲的第一句话是："你怎么穿得这么不好看！"那一天，我穿的是一件式样简单的白衬衫和一条长长的花裙子。母亲总是嫌我长得不漂亮，因为那样在她的眼中，我很难找到一个有钱的男朋友。看上去还非常年轻的母亲对我说："在外人面前，不要说你是我的女儿，这年头，一个女人要做生意，要在这里混下去，就不要让人家知道年纪，不要让人家知道婚姻状况。"

当时的我真心诚意地想，这个从来没有和我生活在一起的母亲，经历过多么艰难的日子，我应该帮她。于是我答应了。

[02]

接下来的日子，慢慢让我开始明白生活的艰难。在我房子的对面，是一些来自湖南的打工妹的集体宿舍。每天到了吃饭的时间，都会看到她们很多人端着一碗饭，就着一瓶辣椒酱，津津有味地吃着。

我们的生活也不富裕。我发现，母亲什么生意都做，只要能够赚到钱，哪怕只是一点点。虽然请别人吃饭的时候，她总是抢着买单，但是在家里面，每顿饭总是节省到只有一个素菜、一个荤菜。

不过母亲是那种哪怕口袋里只有2元钱，也要在别人面前装得像一个百万富翁那样豪爽的人。直到现在，兜兜转转，她还是在用这样的方式生活着。

母亲经常会突然消失一段时间，于是房东就会找我来要房租。她的这些亲戚每天都要吃饭。曾经有一天，我的口袋里面只剩下2元钱，看着他们，看着这个地方，我真的想哭。因为我不知道，这2元钱用完，明天如何生活下去。

母亲消失的那段时间，我必须自己赚钱支撑这个家，同时也是支撑我自己。靠着同学的关系，我接到了一单礼品生意。还记得我和我的同班同学一起，跑到别人的厂里和别人谈判。他们很快看穿了我的底价到底是多少，这个合同签得有点灰溜溜。不过好歹有点钱赚，心里面已经算是很满足。

还有一次，母亲不知道从哪里拖来100箱饮料，从东北运到了深圳，而她自己不知去向。我手忙脚乱地找了一个仓库把这些饮料存放起来，但是开始为仓储费发愁。

面对这一大堆连我都没有听说过名字的饮料，我和我的同学一起，推着自行车，开始一家店一家店地推销。

求人真的是一件需要勇气的事情，要面对别人毫不留情的拒绝，或者是那种干脆不愿搭理的样子。现在回想起来，还好那个时候年轻，刚刚走出校门，反而能够承受这些东西，如果是现在，我真的很难想象自己像那个时候一样，去做这样的事情。

结果，就这样，在炎热的天气里，有一天下午还下着雨，我们的自行车倒在地上，一箱子饮料从后座上面摔了下来。那一刹那我感到一种绝望，觉得自己不可能做任何事情。我知道，我的同学那时候和我有着同样的感觉。

不过幸运的是，我们的软弱只持续了很短的时间，我们扶起自行车，继续一家一家地推销着饮料。

最后，终于有一个好心人被我们感动，于是我们又赚了一点钱，可以解决一大帮人一个月的生计问题。

这样的日子持续了几个月，我很快发现，原来我和母亲的生活价值观、生存方式实在有太大的区别。

母亲总是拿一些她身边的年轻女孩给我举例：谁谁谁嫁给了一个有钱的老头，谁谁谁嫁给了一个港商，或者是谁谁谁做了"二奶"，而她获得多少多少房产。

在我母亲的眼里，钱才是最重要的，无论如何也不要和钱过不去，因为只有有足够的钱才能生存。

但是我不这样看。我觉得，如果真的爱上一个人，那个人很有钱，倒也是不错的一件事情，如果只是为了钱却并不值得。

[03]

我们闹翻了，从此我和她断了来往，但是当时的我已经没有办法再回到上海，于是我要在深圳从头开始。

为了生活，开头的几个月，我什么工作都做过：酒店服务员、仓库管理员、国有企业中每天闲着没有事情做的老总秘书……换工作的原因，最主要还是工资问题。因为要租房子，要应付日常的支出，所以那个时候，选择工作的首要标准是工资是不是高。直到后来，在朋友的推荐下，我进入了一家国际会计师事务所，从此，我的生活走上了正轨。

之所以这样说，是因为如果我没有选择来到深圳，没有跟着母亲，我会像不少同学那样，几个月下来，在外资企业已经有了不错的表现。有时候我会觉得，我好像浪费了半年的时间。但是现在回想起来，我真的要感谢母亲，感谢在深圳的这段日子。

因为在这段日子里，我看到了那么多在生活底层挣扎的人如何生活，我也接触到了形形色色三教九流的人物，他们做着不同的事情。有的人循规蹈矩，慢慢寻找着机会；有的人用不正当的手段，希望能够在最短的时间赚到最多的钱。但是他们的出发点都是一样——为了生存。

在这段日子里，我也体会到很多时候为了生存，必须有足够的勇气和韧劲，面对这个社会中的人和事。

我的那位同学，和我在深圳待了一个月，回到了自己的老家——湖南的一个偏远县城。他说过，他的理想是进电视台工作，之后我听说，他在县城的电视台主持少儿节目。后来我们失去了联络。

8年之后，当我们在北京再见的时候，他已经是珠海电视台的一名编导，而我成了凤凰卫视的一名记者。他告诉我，他用5年的时间，从县城走进省电视台，然后只身来到珠海，从一名编外人员成为电视台的正式员工。他说："深圳的那段日子，教会我如何在艰难的时候，勉励自己一定要走下去。"

真正的安全感，来自你对自己的信心，是你每个阶段性目标的实现，而真正的归属感，在于你的内心深处，对自己命运的把控，因为你最大的对手永远都是自己。一个人能够，并且应该让自己做到的，不是感到安全，而是能够接纳不安全的现实。

正值青春年华的我们，总会一次次下意识地望向远方，对远方的道路充满憧憬，尽管前路忽隐忽现，充满迷茫。有时候身边就像被浓雾紧紧包围，那种迷茫和无助只有自己能懂。尽管有点孤独，尽管带着迷茫和无奈，但我依然勇敢地面对。因为，这就是我的青春，不是别人的，只属于我的。

每一段咬紧牙关的
旅程，都是生命的一段积淀

[01]

表哥说，叫嚣着的梦想永远都体会不到现实是多么艰难。

大学期间，表哥也曾一度过着睡觉、游戏、叫外卖的消遣日子。同寝室的几个哥们总是感叹着学习无用。在醉生梦死、无拘无束的大学生活中，他们除了游戏的级数和体重逐渐增长外，其他各项指标都是有退无进。

年终岁尾，表哥向家里通报了三门考试挂科的消息。看着从小学习一直名列前茅的儿子日趋堕落，大姨开始苦口婆心，可表哥总是拿一句"能拿到学位证就行了"来敷衍应对；后来，大姨声泪俱下，可沉浸在游戏虚拟世界中的表哥仍旧难以自拔、满不在乎。

母子间的大战终于在那年的大年初六爆发。

"学习又不是唯一出路，就算不学我也能混出个样。"表哥提上行李，摔门而去，决定到北上广去闯荡自己的天下。大姨也一狠心，不再阻拦，并且断了表哥开学的学费。

那一年起表哥辍学了，而他随身的几张信用卡里也仅仅只有1000多元。

一个人飘飘荡荡，表哥来到了北京，据说这是个可以帮年轻人实现梦想的地方，似乎缱绻着他的美好未来。但在不足10平方米的渗着水的地下室里，几天的压抑就让表哥感到崩溃。像所有初来乍到的年轻人一样，表哥每天白天投递简历，晚上就把一份泡面掰成两份。可他连本科学历都没有，连像样点的餐馆都拒绝他。

那时表哥才感觉到深深的无助与绝望，用他自己的话说，偌大的繁华中却没有他一个人的立足之地。

那是一个没有洗澡、没有吃饱、满怀挫败感的黑暗时光，他最终回家的车票都是一个在北京上学的同学暗地里帮他买的。

[02]

回到家后，表哥并没有选择复读，而是报了日语学习班，申请出国上大学。

因为有了之前的经历，表哥不再浑浑噩噩，而是经过了近一年的苦学，高分通过了日语测试，并如愿拿到了日本一所大学的录取通知书。

出国的日子也并不轻松，他那时经常打电话给我讲异国他乡的故事：每天除了上课时间外，他打了两份零工"勤工俭学"，早上4点钟准时起床，然后挨家挨户地送报纸，倘若风和日丽还好，要是赶上刮风下雨，常常自己被淋得湿透也要把报纸保管妥当；一个人在异乡的夜晚，常常累得连饭都不想吃就昏昏睡去，但有时也会饿得在半夜突然醒来，面包蘸"老干妈"算是他最常见的夜宵，在静的可怕的夜晚呆呆地看着窗外的星空与田野，瞬时便会泪流满面；语言上虽然大体可以听懂，但毕竟不像汉语般这样娴熟，与周围的外国小伙伴长篇大论的交流常常力不从心，偶尔也会受到同学的嫌弃……

但是表哥还说，这一次就算是死，也要死在外面，不能再给家里丢脸。北京的那段生活让他刻骨铭心，虽然留学的日子同样艰难，但毕竟这里有可以预见的美好未来。

就这样，5年后的今天，表哥终于能够骄傲地站在东京30层的高楼上俯瞰夜景，也终于可以西装革履，在日本和中国的总公司和分公司之间来回穿梭。

当然，他最感激的仍然是那在北京颠沛流离的一个月，那段时间，他找准了自己的定位，或者更确切地说，现实送给他的一记响亮的耳光成为他的成人礼。

[03]

同样励志的，还有表姐。

印象里，表姐永远是精致的妆容，干练的作风。本科毕业后，表姐被一家不错的私企录用，单位的门槛其实不低，工作待遇也还算优厚，她是那一年唯一被录取的本科生。

工作上，表姐不可谓不拼命：她曾经在春节的小长假时，在没有公司任何通知的情况下，提前两天返回，进行相关项目预算；某次加班到深夜，她曾在小雨淅沥的路灯下深一脚浅一脚地走了近2个小时，到家时已是深夜两点半；还有几次，由于上级主管交代的事情七零八碎，她为了省去上下班的时间，竟将自己的折叠床搬到了办公室，包里顺带着各类瓶瓶罐罐的洗漱用品和化妆品……

即使是这样，在工作了一年半后，面临调职时，原本属于她的职位仍然让人给顶了。上司抛下了这样一段解释："你的努力大家有目共睹，也正是因为你身上的闪光点，公司才会破例将本科学历的你留下。但倘若此时再给你升职，恐怕会引来其他同事的非议。下一次再有机会，一定是你的。"

表姐笑着转身出了门，她再也没有下一次了，不是公司未来没有她的升职空间，表姐只是不想让自己的学历授人以柄，她自己对上司说了拜拜。

[04]

辞去了工作的表姐并没有得到家人的支持，就连最好的闺蜜对于她的选择也大惑不解：事业虽然平淡，但却也如同碌碌的众人般，有一个为之拼搏的理由；薪酬尚且可观，不但可以自给自足，说不定以后一个人就能养家糊口；至于学历，社会上的本科毕业生一抓一大把，未必真的需要通过提高学历而抬升身价……

但是，铁了心的表姐，还是选择了读研。

第二天，她就将自己辛苦攒了几年的披肩长发剪去，理成了平头，除去在家复习以外，少有的几次外出全部戴着帽子；将自己的Ipad、笔记本统统锁进了保险柜，而保险柜的钥匙则邮给了远在天边的同学；自己银行卡里的资金一半给了姑姑，一半存了死期……这一年的闭关，她发誓要全力以赴、破釜沉舟。

每日，表姐仍然保持着严格的作息，依然妆容精致，只是变得足不出户，连我那时偶尔的几次拜访，她也只是稍做寒暄便立即将自己锁进书房，颇有一种准备高考的态势。

期间，表姐也曾有一次打电话向我哭诉，那是临考前的几天，她说，自己一年来背负了别人太多的期许与内在的压力，倘若失败，这一年的时间不但打了水漂，未来也不知道该何去何从……

好在，生活没有辜负她的努力，考研成绩揭晓的那一天，表姐更新了一年来的唯一一次朋友圈："400分，换羽新生！"

[05]

表哥与表姐的经历更像是两碗鸡汤，但却是我的同龄人在我身边真实上演的"逆袭"故事。

故事的尽头不外乎几近理想的戏码，但他们认识到差距，知耻而后勇的奋斗、努力却真正存在于他们生命中的每一个细节。如今，我的母亲总是把他与她的故事说与刚刚毕业的我，我也希望通过自己的上进与努力，复制他与她的"传奇"。

也许每个人的结果未必会像表哥与表姐那样圆满，但只有真正看到差距、感到恐慌之后，这样的努力才会更有韧劲。不安于现状的动力，正是来自生活中和他人的比较，抑或是自己心中的不满足。有了这种"耻辱感"，就会真正试图努力去扭转自己的世界，力争让自己达到理想的高度。

生活不只眼前的苟且，还有诗和远方。在无数个月明星稀的深夜，有无数个诸如你我的年轻人仍伏案疾书。倘若甘于生活的平淡，让琐事消磨了打拼的激情，那些所谓的未来与梦想终会如同美丽的泡沫，华丽破碎。

每个人都会有或自卑，或堕落，或沮丧，或沉沦的时光，这样的"时光黑洞"只能自己去填补，唯有知耻而后勇，才能把无垠的黑色转化为身后的阴影，永远踩在脚下。

毕竟，每一段咬紧牙关的旅程，都是生命的一段积淀，而所谓的成熟与老练，就是不停地尝试、经历然后成长。

　　人生如天气，艳阳之下亦有雨，树静之后必起风。假如觉得不如意，那就去风中吹吹，去雨中淋淋。世界很大，风景很多，生命很短，与其蜷缩在阴影里，不如勇敢地搏击，把失败当起点，视挫折为阶梯。只要努力过，奋争过，你就会发现，没有了阴影，阳光就失去了意义，伤口上长出的鲜花，会更加的绚丽夺目。

嘿，年轻人！每一段青春都是限量版，你找到自己独特的使命了吗？时间有限，不要重复无意义的事情，不要活在别人的观念里，不要害怕遭遇挫折失败，勇敢去追随自己的内心！你所拥有的能量，足以把这个世界变得更美好。出发！你怎样，未来便怎样！

谁都会遇到一些小坑洼，但你要勇敢跳过去

[01]

开学前，老师就说让家长准备跳绳，据说这是小学生体育课的重要内容。

有一天放学之后，豆豆哥兴高采烈地说："妈妈，我跳绳能跳一个了，厉不厉害？！"

我的反应是："啊？！一个？！"

他很真诚地盯着我，于是我点头："嗯，不错！"

他干劲满满的样子："真的哦，待会儿我跳给你看！运气好的话，也许我能跳两个！"

我们在楼下待了一会儿，我看他用尽洪荒之力在跳绳——一会儿绳子甩出去太早，身体还没跳起来；一会儿跳起来了，但是绳子还没过来；一会儿……总之，大部分时候能跳一个，偶尔能跳两个就很了不起了，我会鼓掌表扬："哇，两个！"

他的好朋友小博很喜欢跳绳，之前一起玩时他时常拿着跳绳跳，而且能跳很多个，想来豆豆哥也是知道的。所以，我非常惊讶"他心态居然这

么好"，会为自己跳一个而欣喜，跳两个而惊喜，然后就在一次次练习中增加次数。

他允许自己慢慢来。

而我们成年人，却早就忘了"慢慢来"这件事。

[02]

我和很多人一样，特别喜欢龙应台的《孩子，你慢慢来》。

说真的，在他进入小学之前，我的心态的确足够平稳，好多事情可以允许他慢慢来——说话晚一点没关系，迟早会说嘛；走路晚一点也没事儿，早晚都会走；用剪刀有点笨拙也没关系，早晚学得会……

总之，不想拿"标准"卡他，不想让他成为一个还没长大就已经气喘吁吁的孩子。

但是上了小学之后，偶尔我能够察觉到自己那种"天哪，跟不上怎么办"的心态。

最近开始学拼音，他总是读错，大人觉得简单极了，他却找不到规律，结果一起头昏脑涨。

我陪他学，学着学着就火冒三丈，"这么简单都不会，你们同学有读得很好的，你怎么学不会呢？"他看了我一眼，没说话，眼巴巴地又去看课本……反复了好几次。

那天早晨我睡眼惺忪地做早餐，突然脑子里闪过：天哪，我这哪里是慢慢来的心态，我这不是恨不得让他速成吗？！

生怕他掉队，生怕他跟别人不一样，生怕他一不小心就落在了后面……我并没有真正地理解、包容和帮助他，是在施压啊。

他并不是不想学或者不好好学，只是还没有找到学习这个事情的方法而已啊，我为什么要那样呢？

吃早餐时，我认真地说："从现在开始，妈妈帮你学拼音的时候一定不会冲你大喊大叫，一定会非常耐心。"

他点点头。

这两天我们还是在不停地练习、学习，偶尔他错了我语气温柔地帮他纠正，他会捧着我的脸非常感动地说："妈妈，你好温柔啊，我爱你。"

天……

[03]

我时常会想，我们的很多想法，看上去很美，但是却总做不到。

譬如，我们明明知道自己不必非要要求自己跟别人一样，但是一旦不一样，就会产生恐慌甚至自我怀疑"是不是我错了"。

譬如，不想勉强自己去合群，但是当我们被群体疏离时，还是忍不住顾影自怜，甚至产生打压自我的想法：不如我先跟他们在一起，自己的事情以后再说。

再譬如，我们说要给孩子足够的爱足够的自由足够的支持，可是一旦进入到现实世界，我们就会像是赶鸭子一样，把他们赶进队伍里，一定要保持队形，一定要保持一致，稍微一点不同就满心恐慌，怕自己的孩子会输掉人生……

讲到底，是我们根本不相信"慢慢来"会有什么好结果。

我们更为认可的是成年人的世界里那些通行的规则——太急功近利，太想得到承认，太想获得存在感，太想让自己变得重要一点……我们知道这样想并不那么对，却忍不住去做。

[04]

学完乒乓球的下午，豆豆哥兴奋地说："今天我颠球150个，是不是很厉害？！"

我拥抱他："真的很厉害啊！"

有时候我想，大概就是从这些事儿上，他才一点点获得了慢慢来的勇气，一点点给自己填充着自信和"慢一点也没关系"的心态吧。

最开始他只能颠球两三个，然后四五个、五六个，最困难的时候，他一边沮丧一边坚持，到后来知道只要不停地练习就可以进步，居然就气定神闲起来，颠得少了也不气馁，颠得多了只要妈妈表扬一下就特别高兴。

那天，他还跟我说："有个小朋友只颠了一个球！"

我下意识地说："啊，这么少啊？！"

他语气平淡地说："也许他只是运气不好……以后只要练习，也能越来越多的。"

我想：啊，妈妈真的应该向你学习啊。

[05]

好多事情都是这样啊，要慢慢成长，慢慢积累，不放弃，要给自己时间去累积经验、教训、友谊、自信。

除非是特别内向、自闭的性格，大部分人暂时的不合群其实都不是问题，你只是在沉淀自己的个性，有朝一日会吸引到跟你气质相投的朋友。

工作也是，暂时的挫折与不顺，不过是走在路上遇到的一点小坑洼，迈过去了，理顺了，走好了，仍然可以做更美好的事情。

嗨，别害怕，慢慢来。

我相信，你以后一定会很好的。

有些时候，努力了，好像还看不见希望，渐渐地，开始不自信、不勇敢、不愿向前。这个时候，请对自己说——再来一次！我们总会在逆境中再一次汇聚起能量，我们只会越挫越强！这个世界永远欣赏敢于再来一次的人，敢再试一次的人。

中国人的励志和国外的励志存在非常大的不同，中国的励志比较鼓励人立下大志愿，卧薪尝胆，有朝一日成富成贵。而国外的励志比较鼓励人勇敢面对现实生活，面对普通人的困境。虽然结果也是成富成贵，但起点不一样。相对来说，我觉得后者在操作上更现实，而前者则需要用999个失败者来堆砌一个成功者的故事。

我们缺少的只是一种挑战自己的勇气

前几天有个朋友询问我：自己大学读错了专业，工作上各种不顺心，辛苦奔波，只是表面光鲜而已。他觉得未来一片迷茫，问我到底该怎么办。

我也不知道该怎么办。这个世界仿佛只有少数极其幸运的人，大学读对了专业，又恰好做着自己所爱的工作，领导重视，同事关爱，还清闲，工资高。我想先讲讲我身边三个年轻人的故事。

[01]

男青年，宽带公司的一名网络维修工，某次网络瘫痪后跟我家结成了友好联邦。我听他说，他从小父母离异，跟外公一起生活，几乎每天都要工作到凌晨，因为过了0点，每小时有100元钱的加班费。

某次我又报修网络，他说周日不能来，因为要考雅思。我心想我都没考过，你一个维修工人考雅思干什么。过了一段时间，他再次上门维修，跟我说："我要去新西兰读书了，雅思考过了，也拿到了offer（录用通知），以后就不能来修了。"我惊讶得不得了，随口问他："你为什么去新西兰？"他说："因为我女朋友在那儿，我就想过去陪她。如果是陪读的话，我们慢慢会有差距，所以我也要考过去，这样我们的距离不会太远。"

[02]

在电梯里工作的女孩，每天守着逼仄的空间上上下下，穿着很土，不化妆，一个马尾，一个水杯，手里一本英文书。最开始见到她，她拿的是高中课本，然后慢慢变到大学课本、四六级、研究生复习材料、托福教材。谁都没有在意过她在学什么，她在看什么，她是什么背景，她住哪里，工资多少，她有什么梦想，她学这些想要干什么。她除了学这个还在学什么？不知道。只是楼里的居民有时候会把家里看过的杂志送给她，大概是觉得，只要是有字儿的东西，对她来讲，就能用来学习吧。

后来，她消失了很久。再见到时，她穿着职业套装，匆匆忙忙地跑进一个写字楼里。她不认识我，但是我记得她。

[03]

一个农村姑娘，从小到大没走出过县城，后来到北京，在朋友家做保姆。家务之余，她苦读英文，学普通话，上夜校，参加自考。后来她的雇主告诉我，这姑娘当了对外汉语老师，专门给钱不多但是又需要中文辅导的外国学生做老师。她不挑活儿，大小钱都赚，自己又节省，后来买了一部小车，这样能更快地穿梭在城市中，给更多的学生上课。令人惊奇的是，姑娘还开了个早点摊儿，每天卖豆浆鸡蛋和烧饼，同时还卖化妆品。

我觉得上帝都得被这姑娘逼疯了。

这就是生活在我身边的三个普通青年，他们没学历、没背景、没大款爹妈，他们连选错一个大学专业的机会都没有，他们连什么叫"对口专业"都不知道，他们连让高素质牛人打击的机会都没有。他们想要的，也许只是你我唾手可得的东西；他们拼命努力赚得的钱，也许我们一句话就能从父母手里要来；他们来到这个城市之初，卑微得所有人都看不见。但是不要紧，他们看得见自己。

现在的人们太想一夜成名，一夜暴富，一件事坚持3个月看不见结果，就开始抱怨世道不公，没有伯乐。

什么是奋斗？奋斗不是让你上刀山下火海，也不是让你头悬梁锥刺股。奋斗就是每天踏踏实实地过日子，做好手里的每件小事，不拖拉，不抱怨，不偷懒，不推卸责任。每一天一点一滴地努力，才能汇集起千万勇气，带着你的坚持，引领你到你想要到的地方去。

难吗？不难。

或许我们缺少的只是一种勇气，摸着自己的心说一句：我的青春，不抱怨社会，不埋怨不公，只有努力，超越自己。挺住，意味着一切。

每个人都有自己专属的人生，专属的快乐和悲伤，在未来能得到什么，应该得到什么，有命运的安排，但更多的还是决定于你是一个怎样的自己。你聪明、勇敢、真诚、热情，就能成就你的丰富多彩。

勇气是什么？勇气有时候是一种强悍不畏死的选择，有时候不过是输得起的日常。别人表现在你面前的勇气，并非真的都是勇敢而已，还有的人，就是经验太多，成果太多，而根本无所谓了。

勇气不难，难的是坚持你的勇气

［01］

去年下半年，我去参加了一个很奇怪的活动。活动需要参与者在纸上写下一个具体目标，然后主办方会帮你保管起来，直到半年后你再回来拆开这封信件，看看你的这个目标实现了没有。

上个月回去的时候，发现很多人的目标都被拆开了，然后挂在墙上和大家分享成果。有的人是立志要在半年内减肥10斤，有的人是要在半年内追到一个漂亮的女朋友，也有的人是要在半年内学会英语口语。后来，有的人实现了目标，有的人半途而废了。

当时刚好有个分享会，期间有一个35岁左右的男人上去分享自己的坚持。他说，写下这个目标的时候，其实不只是写在纸上，更多的是写在自己的心上。因为坚持做一件事，从来就不会很容易。

这个男人的半年计划是每天早起跑步。这听起来是一件很酷的事情，无论大风大雨，还是前一天晚睡，他都坚持起来跑步。他说，想要让自己身体更健康，所以必须努力锻炼。一开始会觉得很难，因为立下目标只需要5分钟，可是坚持这个目标却要每天都克服懒惰。

所幸的是，他坚持了下来。他把自己的目标告诉了全家人，让所有人都来监督他，一旦他没有做到，他就要承包家里一年的家务活。

他说，如果有勇气开始，那请你也有勇气坚持，坚持去完成你曾经拍着胸膛想要做到的事情。

我看着台上这个因为坚持跑步而神采奕奕的男人，也跟着大家一起鼓起掌来。旁边一个姑娘低头问我："你完成半年目标了吗？"我笑着说："我的目标是半年内每天坚持写作，然后努力写稿争取出书。现在，我的新书已经进入制作流程了，可是，我并没有做到每天坚持写作，所以，我也是那个只有开始的勇气，却没办法坚持的人。"

那天我看到那些坚持完成了目标的人，突然明白了自己不能改变生活的原因：因为改变生活的第一步，是改变你自己。我们总是能轻而易举地许下承诺，拍着胸膛说出自己的诗和远方，可是，别忘记了开始时你出发的勇气，这样你会更有可能坚持到终点。

[02]

英语酷炫到不行的电影《中国合伙人》里，主角成冬青是我很佩服的角色。

一开始，他没能如愿考上自己想要的大学，他没有放弃，一直坚持，最后如愿以偿；在他毫无预兆地喜欢上一个姑娘的时候，除了一开始表白的勇气，他更能坚持不懈地勇敢追求，坚持用自己的这份勇气来让对方喜欢上自己；只是一开始，他的英语口语因为发音问题，听起来像日语，但是当他翻到英语词典里的那张书签，看到上面写着"有天你会让我妒忌的"，那一刻他获得了莫大的勇气，最后真的就成了那个让人妒忌的人。

看到他勇敢倒腾、壮志豪言的那一幕，你也一定不会陌生吧？我们都曾这样勇敢过，每当我们立志要完成某件事情、某个目标的时候，我们也会这样勇敢。就像我们说要好好念书，就像我们说要过英语八级，就像我们说要周游世界……

可惜的是，我们很多人都只有开始的勇气，却缺少了坚持的勇气。

[03]

你有没有试过，想要为了一个人而去改变自己？

你有没有试过，想要得到一份更好的工作而去改变自己？

你有没有试过，想要实现自己的一个梦想，而去努力改变自己？

你当然试过，一开始我们也曾经胸怀大志，斗志昂扬。只是，很多人没能坚持下去，没能把这份斗志一直坚持下去。于是，那些坚持下去的人，成功改变了自己，让自己变得更好了。

电影《那些年我们一起追的女孩》里，柯景腾说，突然有一天你发现，努力念书也可以变成一件很热血的事情。于是，他努力学习，努力学好英语。光着身子站在家里的阳台上大声朗读英语，就算每次都会被对面大楼中的大叔嘲笑，他也依旧认真而大声地背单词。

他也会烦闷，也想过放弃，可终究没有。我想，这就是勇气吧。为了一开始拍着胸脯说"我要是认真念书肯定会比你厉害"这句话，他坚持了下去，身为学渣的他最后居然考了一个很不错的成绩。

所以，一开始的勇气很重要，而坚持下去的勇气，或许更重要。无论你在做着什么样的工作，或是还坐在学校的教室里，都请不要忘记，一开始你曾经为了梦想而有过的勇气。把那一刻的勇气，变成此时此刻的坚持，你终将遇见更好的自己。

仔细想来，人生安排的每一个阶段，种种困难、变化，背后都有深刻的寓意。为了考验我们的生命，这股意志的力量太强大了。必须是个勇敢的人，才能勇敢地穿过这片夜色中黑漆漆的森林。大海在前面，一定要走完这条路，才能靠近它，跃入它。

一个人，不怕将来后悔做过什么，怕的是后悔没做什么。而奋斗的意义也不仅仅是为了赚钱，更是为了抚平你自己的那份不甘心，实现自己来到世间的价值。生命里，真正让你难以忘怀并深怀感恩的，是奋斗路上的苦楚和风雨，以及最初那个清醒和勇敢的自己。珍惜缘分，珍惜时光；以善为念，学会感恩；以诚相待，以心相交；与高尚者为伍，与有德者同行。

别让自卑阻碍了你的上进心

［01］

一个女孩在公众号给我留言："像我这样卑微的姑娘，该怎么办？"

我无法给出答案，因为提出的问题本身就有问题，答案自然没有意义。首先，这个世界上并没有"迷茫"一说。所谓的迷茫，只是不够坚强。当你对目标的渴望足够强烈时，你会找到世界上一切难题的解决办法。

接下来是关键问题，贴上"卑微"这个标签，对自己真的有好处吗？

两年前，我应师妹邀请，去给一所三本学校的学生讲心理健康讲座。之前一个星期我都在整夜备课。头两次效果不错，听众越来越多，然而到了第三场的时候，我遭遇了人生中一次重大耻辱。

当听众到齐，我一如既往走上讲台准备讲课时，师妹跑上来告诉我：

"师兄，下来吧，我们处长刚找了一个985大学的专家，这次他讲。"

我生气地问师妹："你为什么不提前告诉我？我人都来了！"

师妹说，处长和这位专家有一些项目合作，于是这次讲座就变成了讨好专家的赠品。她知道对我很不公平，于是向处长据理力争。处长最终决定，前两个小时专家讲，最后半个小时我讲。

我决定留下来，因为我向来做事有始有终。

专家和处长迟到了半小时才姗姗而至，我上去热情地打招呼。自我介绍完毕，专家鄙夷地对我说："同台演讲你不够格，你当我的研究生还差不多！"

我说："好啊，那我来报考您的博士吧。"

专家冷冷地说："已经预定了，没名额！"

处长的语气还算柔和，他说："周老师，您要是忙您可以先回去！"

无论多么屈辱我都不能当逃兵，我告诉处长，我不忙。

985专家开始了他的讲座，他首先讲了他如何从一个贫困山村的学生奋斗到今天的位置。他极力渲染着当年他家的贫困，然后话锋一转，省略掉他的奋斗过程，大谈特谈如今的他光鲜亮丽。这段过程学生还算认真听，我也认真做着笔记。

接着他开始讲，他们的学校多么大，图书馆多么宏伟，学生多么的努力，毕业后月薪上万，教育部每年给他们多少多少拨款等。

此时，学生开始陆续离场，剩下的人也开始吵闹，整个会场秩序一片混乱。即便师妹和处长立即站起来维持秩序，五百人的会场也只剩下两百多人。

我理解学生的想法，他们对你的学校有多牛并不关心。自从来到三本学校，他们心里就蒙着一层高考失败的阴影。你越是炫耀，他们越是反感。

专家这时候愤怒，拍着桌子说："你们已经在一个三流大学念书，能

161

听到名校权威教授的讲座是一种荣幸，还这么不努力，你们不觉得是一种耻辱吗？"

这句话彻底激怒了剩下的学生，会场一片哗然，专家气不过，离开讲台拂袖而去。处长赶紧拍拍我说："周老师，该你上台了，我先去照顾一下专家！"

我走上台，放弃了原本准备好的内容，我对着在场的同学说：

"同学们，我接刚才专家的话，我们身在三本学校（我没说三流），我们的确应该耻辱。但是，我们虽然耻辱，但是我们并不自卑，因为促使人进步的最大动力，就是耻辱啊！"

一个学生对我说："我们的耻辱太重了，已经吞噬了我们的上进心！"

"耻辱并没有什么重不重的，任何强大的力量都可以伤敌也可以反噬自己。面对近乎绝望的现实，耻辱是你最后的力量！"我回答这个学生。

学生陆续回到了座位，我开始了今天关于"耻辱才是进步"的讲座。

[02]

我们生来都有很多污名化的标签，比如：来自农村、单亲家庭、三流大学等。即使出身再高贵的人，有时都免不了带着这种污名化的标签和这些标签所带来的耻辱。

耻辱能让人勇敢地面对寂寞而枯燥的成长过程，耻辱也可以让一个人自怨自艾，在困难面前动弹不得。

关键是看我们怎么应对耻辱。

行为心理学家拉扎勒斯为此提出了"应对理论"。应对理论认为，影响我们命运的并不是刺激本身，而是我们对刺激的应对方式。换句话说，并不是我来自农村、上的是三流大学导致我命运多舛，而是我们困在了这些标签里难以自拔，才让我们的生活陷入困境。

回想一下生活中，你一直给自己贴着什么样的标签——卑微的女孩、内向的少年、不幸的傻瓜、痴情的被抛弃者？然后再想一下，这些标签到底带给你了什么。

撕了这些标签吧！你就是你，这个世界上不一样的烟火。你只是个生活的勇者而已，除此之外你什么也不是。

成熟的应对方式是"解决问题"和"升华"，这两种应对方式都带来标签的弱化。精武门中陈真虽然天赋异禀，但他心中带着"青帮的混混"这个标签，霍元甲不断地引导他放下这个标签，体会侠之大者"无我"的境界，最终陈真成为一代宗师。所谓"无我"就是放弃原本的自我标签，不断探索自身内在潜力。这就是人生修炼的终极强大之路。

相对于名牌大学的教授，我只是个普通大学的讲师而已，可这并不影响我在教学技巧之路上超越教授。或许正因为我是普通大学的老师，我才能更加与三本学校学生的心理产生共鸣，这便是我的优势。（升华应对）

假如我离去，会让为我据理力争的师妹处境艰难。也许我可以到处诉说这件事给我带来的不公，但这只会加重自己的自卑而已。要想证明自己确实比专家有价值，哪怕最后只有半个小时，也会是我翻盘的好机会。（解决问题应对）

以下错误的应对方式会带来标签的强化。

（1）谁让我只是个普通学校的老师，比起大腕我很卑微，算了走吧！（自责）

（2）这不公平，我们学校也很强，凭什么他先讲？我要先讲！（否认）

耻辱到底是摧毁你，还是带给你力量，就看你的应对方式是扩大了标签的差异性，还是消除了标签间的不同。

[03]

耻辱本身不是礼物，但如果可以反击那个让你感到耻辱的人，它就是礼物。

要想舍弃自己的软弱，就诅咒自己的无力吧！有些人可以粉饰自己的耻辱，然后继续怡然自得，这样的人是聪明人；而那些挑战自己耻辱的人是愚蠢的人，但我喜欢这样愚蠢的人。

讲座结束后，师妹给我报酬，我仔细一看是原定的两倍。师妹告诉我，这是他们处长特别交代的。我笑了，我想这所学校以后不会再请我了吧！不过嘛，世界还很大，我还很年轻。

人生就像买西瓜，未知才精彩。大胆尝试，不要畏畏缩缩，要是你尝了真甜，会觉得幸福和满足。要是不甜，你也是勇敢的。怕不甜就不买，你放弃的不是一次吃西瓜的机会，而是失去了自信。

人生从来不是规划出来的，而是一步步走出来的。勇敢去做自己喜欢的事情，哪怕每天只做一点点，时间一长，我们也会看到自己的成长。不管你想要怎样的生活，你都要去努力争取。人生因为经历，所以才懂得。只有吃过生活的苦头，经历过许多的事情，再加上自己的修养和悟性，才能做到平和淡泊。

有时我们需要有断了后路的勇气和果断

因为穷，4年前结婚的时候，家里首付，我和周同学用公积金贷款月供了一个67平方米的老房子。是真的老，楼道墙壁上都掉白沫沫，木质楼梯表面上的油漆已经斑驳到看不出颜色。

因为图便宜，我们买的是顶楼，倒霉的是住进去才发现屋子漏雨，在江南一个月有20天阴雨绵绵的日子，房间里时不时飘进点水珠，不偏不倚地落在我洗的白衬衫或者床单上。

我受够了这种生活。

一年后，我和周同学说，要换新房子，最好大一点。

周同学躺在沙发里跷着二郎腿看着他的球赛，目不斜视地回我："说得轻巧，我们哪有钱？"

我拿出我们两个人的银行卡，打电话查了下余额，两个人3张卡，总共5万块多一点。

天天吃喝玩乐的我们，下了班就窝在家里追剧打游戏的我们，工作了

4年的我们，没有攒下多少钱。

可是，想要住新房子的愿望像一棵樟树，在我心里驻扎发芽，盘根错节，逼得我心脏难过得窒息。

在一个周末逛街的时候，看到了一个小区楼盘在开盘搞活动，我们两个想顺便过去参观一下。

一进去，我的心就再也出不来了。我告诉自己，我要买一套这里的新房子住，一定！

回去的路上我异常的沉默，满腔的激动、兴奋与暗下的决心，让我不知该如何表达。我和周同学说："你喜欢这里的房子吗？"周同学回答说："喜欢啊，果然是很好的设计，而且周边配套也不错。"我说："那我们买一套吧！"周同学说："你疯了？这里一套要多少钱你知道吗？……"

第二天，我请了假，自己回到楼盘那里，预订了一套。售楼员说可以存五抵十。我默默地刷了卡。我知道我们没有退路了。

回到家，我很平静地告诉周同学："我今天去预定了一套房子，高层的6楼，89平方米，115万元。"周同学当场就愣住了，抓住我摇了半天，我只告诉他："我已经刷了5万元，如果不买，订金也不会退的。"

周同学沉默了一个晚上。

第二天，我们摊开来商量，不买的话，5万块就打水漂了，对我们来说损失惨重，完全不能接受。可是买房子现在是一分钱也没有了啊！！

我们卖了老房子，租房子住。这样新房子就可以按首套房来付首付。老房子卖了45万元，除去还银行的贷款25万元，还剩20万元，新房三成的首付要35万元，光首付我们还有15万元的缺口。

分别给两边的父母和兄弟姐妹打电话，二万元，一万元，甚至五千，能凑的都凑了，还和在银行的大学同学贷了一年5万元的贷款，首付这样磕磕绊绊地凑齐了。

月供4100元。我们两个人的工资加起来才7000多元。除去每个月的房租1100元，我们还有1800的结余生活费。

还有一年期5万元的贷款，还有父母兄弟姐妹的10万元借款，我们承诺两年内还给他们。

日子好像过不下去了。

回到家里，再也没有心情追剧打游戏，沉重的负担压在我们心头，两个人商量，要想完成承诺，我们两个得额外赚钱才行，这是唯一的也是必须的出路。

可是做什么呢，我们也没有什么特殊的一技之长。重操老本行，周同学开始下班后去私人的小作坊里开数控机床，我则疯狂地写稿投稿主动自荐约稿。

我们开始不下馆子不看电影不逛商场，业余时间都用在怎么赚钱上。

每个月1号扣完月供，看着卡里那点钱，就觉得心慌。而老同学似乎也联系得多了，每个月都问问我们近况，我知道，他生怕我们忘了那5万块一年的贷款。

日子过得紧张又疲惫。我们一个月又一个月地熬着，有时候不得不刷信用卡暂时接济下。

但是，日子竟然也就这样过下来了，没有我们想象的那么"惨绝人寰"，苦是肯定的，但吃过苦之后，心里竟然也渐渐有了小自豪，以及对自己的小感动。

今天，新房子装修好了。虽然简单却觉得满足。

我们一年比去年多赚了9万块，虽然没有还清亲朋的借款，但是我们已经自信满满。

周同学说："不买房子，我们应该永远不会知道自己可以多赚这么多钱！"

是的，有些时候，有些东西，你买了就买了，而不买，你也不会攒下多少钱。有时候不逼自己一把，永远不知道自己还有多大的劲没有使出来。

希望年轻的我们，都能全力而为。不要仅仅满足于自己伸手就可以拿到的东西，踮起脚尖，你会发现，自己的天空有多宽广。

我们都配得上更好的生活。

即使荆棘满地，也要勇敢地走出属于自己的路，痛过哭过笑过，身后瑰丽风景因你出彩。即使没有人为你鼓掌，也要优雅地谢幕，一个华丽的转身，感谢自己一路上认真的付出。

CHAPTER 05

昂首挺胸，用力走过属于你的人生

不管你对人生做出什么样的选择，

记得都要对得起自己的内心，

无论多少年过去，

你都能很骄傲地说，

那都是你昂首挺胸，用力走过的人生。

与其担心未来会怎么样，

不如好好用心努力对待现在！

一天很短，短得来不及拥抱清晨，就已手握黄昏。一年很短，短得来不及细细品味，就已银装素裹。一生很短，短得来不及享用美好年华，就已经身处迟暮。我们总是经过得太快，而领悟得太晚。

不要垂头丧气，
人生还有许多需要你去丰盈的地方

[01]

昨天傍晚，有人在朋友圈发了张夕阳的图片，上面写着：唉，又一天。言语间仿佛充满了伤感。我在下面留言问：怎么啦？他回复：感觉一天什么都没做，就过去了。

其实，发这种感慨的人很多。

我老公有一个远房表哥，也是我小时候的邻居。他每个新年都来看我婆婆，每次来了都会叹息：唉，又一年。

第一次听到这样的叹息时，我问他什么意思，他说自己曾经是个文艺青年，梦想就是业余出几本书，可工作后，每天下班就往沙发上一靠，什么都懒得做了。

一年又一年，年年是白板。

老公的这位表哥，曾是我少年时的榜样。我记得母亲不止一次和邻居们议论起他，都是满脸的羡慕。那老谁家的小谁，考上了大学，真了不起，以后前途无量。

我很清晰地记得，小时候的夏天，我们全家经常在有过堂风的大门过道里吃饭。他有几次从我家门口路过，父亲总是望着他的背影对我说："你要好好学习，以后像他一样有出息。"

一别经年。我结婚时，他竟然参加了，才知道他和我婆家是亲戚。他虽然有些发福，但眉眼依稀，我一眼就能认出。

他说自己大学毕业后被分配到一家事业单位上班，一份轻松的工作，拿着撑不着饿不死的工资，下班打打麻将、看看电视，也想做点自己喜欢的事，可总也没有付诸行动。日子就这么重复着，这些年，仿佛就过了一天。

想不到，我和他会以这样的方式重逢。我对他的崇拜像个扎破了的气球，噗的一下瘪了。而这些年，我一遍遍听他说那句"唉，又一年，再想干点啥都晚了"，我对他早就从崇拜变成了失望。

今年，他搬了家，住在我家对面的一个小区。我离单位近，有时候步行上下班，很多次在路上遇到他骑着电动自行车，穿梭在滚滚车流中。他的皱纹，他的花白头发，他木然的表情，告诉我，他的日子应该是一潭死水，毫无生气。

通过他的模样，我能看出他这些年还一直处在刚毕业时的起跑线上，从未移动。一个偶像，竟然一生庸庸碌碌、浑浑噩噩、懒惰不前，这是令我最泄气的地方。

我希望的是一个哪怕曾经目不识丁，但通过努力已有丰盈人生的榜样。

[02]

记得几年前，总经理带我们去一家供应商那里考察，据说是国内有名的民营企业。接待我们的是对方的几位副总，他们的老总去欧洲调研市场了。

2000多亩的厂区，走了半天也没转完。餐厅、宿舍、生产线，每到一处，我心里都会涌起一个大写的赞。到处都井井有条，看得出管理非常精细化。

中午吃饭时，我们聊起这家企业，简直太让我震惊了——这家企业的老总那年已经62岁。他在52岁的时候，从一名兽医改行，如今把公司做这么大。

那家企业的宣传栏里写着一句话，我一直深深记得：如果你想飞，今天就是起点。

那时的我，正在给一些报刊投稿，焚膏继晷，按编辑的要求修改了一遍又一遍，依然经常被退稿。我心里打过无数次退堂鼓：算了吧，又不是没有工作，都30+的年龄了，干吗非要跟自己死磕。

而那一次考察，恐怕收获最大的人应该是我——从此不再纠结，哪怕退稿再多，也坚持写了下去。

[03]

其实，这个世间，有多少人每天都想着改变，晚上睡到床上的时候，雄心万丈，醒来又是重复的一天。

曾经在微博上看过一段话：别抱怨，别自怜。所有的现状都是你自己选择的，抱怨能说明什么呢？除了你什么都想要的贪，还有你不想努力的懒。

是啊，一年又一年，时光悄然流逝，你增长的却只有年龄。对命运不甘，却又不肯用行动去改变，只好一年年长叹。

唉，又一天，又一年，一辈子完了。

亲爱的，一天很短，短得来不及拥抱清晨，就已手握黄昏。一年很短，短得来不及细细品味，就已冬日素裹。一生很短，短得来不及享用美好年华，就已经身处迟暮。我们总是经过得太快，而领悟得太晚。

好在"年"只是时间的节点，并非人生的节点。站在这又一年辞旧迎新的门槛，请对自己说，永远不要放弃你真正想要的东西。等待虽难，但后悔更甚。

不要无数次垂头丧气地叹息：唉，又一年。请在努力实现梦想的路上，自信从容地大声说：嗨，新年，我来了！

生活不相信眼泪，却一定有眼泪。眼泪其实是清澈的。酸楚的时候，它是一首诗，流淌的是情怀，绽放的是人生的花朵；思念的时候，它是一首歌，吟唱的是心事，澎湃的是永恒的旋律；坚强的时候，它是一条路，坎坷的是经历，无悔的是追求。眼泪，知道心里有多苦多难，但它不是懦弱，是执着；眼泪，知道善良知道责任，它不是迷茫，是清晰；眼泪，让人懂得幸福，懂得珍惜，更懂得生活！

事业不是一两月就能干成的，发个烧还要打几天针呢！所以，干事业就要有足够的耐心和努力！春种，夏长，秋收，冬藏，总需要个过程才会有收获！播种与收获永远不会在一个季节里！成功路上，要耐得住寂寞，经得起诱惑，扛得住打击，一如既往，永不松懈，直到成功！

那些累过哭过却始终在拼着的就是人生啊

有一种女人，她算不上美女，着装和发髻丝毫没有给人惊艳的感觉，甚至脸上没任何表情，一脸的淡然。也许一开始，她并没吸引你，但久而久之，随着时光的流逝，不经意间，你开始觉得她好看，至少没有哪一点让你觉得讨厌。再过一些日子，她的举手投足让你感觉舒服，于是你发现她的漂亮是发自天性的漂亮，在这种漂亮面前，你可以心安理得，不用刻意伪装自己，让自己完全暴露在她面前。

箐箐就是这样的一个女孩，这女孩是我兼任分公司人力资源部经理时招的第一个女孩，也是招的唯一的员工。和多数刚入职的大学生一样，刚进公司时，箐箐糗事不断，整天迷迷糊糊像梦游似的。每当我为她安排一件新的事情时，她总是先表现出一脸兴奋，兴奋劲过后继而又是一脸的茫然。

很多次当我发作想骂她的时候，她又一脸无辜地看着我，眼睛一眨一眨的，楚楚可怜的样子，呼之欲出的话最后又被我硬生生地咽了回去。作为一个文员，她连最基本的打字都不会，甚至连输入法切换也是在我教她多次后才学会。

自然萌，天然呆，家有一小如有一宝，骂也骂不出口，说也说不出口，索性落得清静，眼不见心不烦，我把她交给办公室另外一个女孩子带。带她的女孩子负责薪资和考勤，作风泼辣，同是女人，她并没因为箐箐是新人而给予太多的照顾。每当箐箐有问题向她请教时，她总是先把箐箐呵斥一番才去教，教着教着，时不时地又是一顿斥责。她对箐箐的呵斥，我也是睁一只眼闭一只眼，事不关己，乐得清静。

在她刚入职时，她游离的神情及麻袋绣花的基础，让我一开始就没把她放在心上，以至于我忽略了她的存在。在她飘忽不定，突然闪现在我的面前汇报工作时，我才依稀记得有这么个女孩子存在。真正让我对箐箐的印象开始改观，是在一个晚上。

有一次深夜两点多，有个员工生病，需要看急诊。当我跑去办公室拿车钥匙时，整栋办公大楼一片漆黑，只有我的办公室灯还亮着，显得有点扎眼。我走进办公室，拿了钥匙就直接往门外走，她竟没注意到我，我故意咳嗽了两声，她这才探探身子，耷拉着头，迷离着眼睛看着我，好一会儿才结巴着说："明天的报表马上就完成。"我抬起手，点了点手腕，示意她时间。她冲我笑了笑，又继续埋头工作。

如果说这次加班是我对箐箐印象的改观，另外一件事则让我对她彻底刮目相看，打心底感动。

卤水点豆腐，一物降一物。在这个世界上，穿鞋的始终怕光脚的。分公司的财务经理因是老板娘的人，一向飞扬跋扈，对任何人都颐指气使，自然对我这个总部的绩效经理也不放在眼里。在我和财务经理的交锋中，财务经理吃了几次闷亏后，便不再轻易与我直接冲突，于是把气撒在我的员工身上，但凡我部门员工去了财务办公室，没一个不是低着头苦笑着出来的。

但箐箐却是个例外，不仅和财务办公室所有人关系不错，居然还经常被财务经理当着我的面夸奖。我正愁如何和财务处理好关系时，箐箐却解决了我的难题。以至于只要和财务打交道的事情，无论大小，办公室一致推荐箐箐去办理。

那句话怎么说的？只有十分努力，看上去才游刃有余。当箐箐能独立承担一面工作时，我开玩笑地问她："你是怎么从一个整天梦游不在状态的人，最后变成团队中不可或缺的一人的？"她笑而不答。尽管她不答，但我却读懂了她。

笨鸟先飞，大概箐箐一直都是那种十分刻苦努力的人。成功的人从来不会把努力挂在嘴边，所以我们只看到了他们的精彩，却从来不关注他们的付出。这个世界，自认为很努力的人很多，滔滔不绝满口道理的人也不少，思想的巨人行动的矮子似的做白日梦的人更不在少数，可是，肯做实事的人却不多。

那些自认为耍点小聪明就能把事做好的人，却未必活得轻松、工作得舒心。事实证明，那些过得成功、拼得出彩、活得潇洒、玩得愉悦的人，都是自虐狂，他们专注、自信、偏执，关键对自己下得去手。

工作中常有这样的情况：老板在为你提薪的时候，往往不是因为你的本职工作做得好，而是他觉得你对他未来有所帮助。你的潜力和价值，是否被你的老板挖掘，是否大到老板不舍得放弃你？也许只有当你成为团队不可或缺的人，才是老板不舍得放弃你的时候。

遗憾的是，当箐箐通过自身的努力成为我团队不可或缺的一员时，当我开始学着对自己下得去手，去抓她重用她的时候，她却被别人抓走了——辞职结婚。

当我以辞职需要一个月才能走对箐箐实施委婉的挽留时，她依旧迷迷糊糊做着事，却依然一天当两天上班，拼命三郎似的工作；依旧对自己下得去手，十足的自虐狂。

我曾无数次地质问自己：怎么就瞎了眼，招了这样一个没头没脑的女孩子？她到底是真的笨，还是假装的笨？我现在终于明白了，不是她笨，关键是她对自己下得去手，十分努力，十分认真。

临别时，我笑问她："财务那个老八婆（财务经理）是不是和你一样，也是迷迷糊糊，一根筋？"这次她没有迷糊，眼珠一溜一溜的，贼精贼精的。

我对她说："你有做财务经理的潜质……"

一件事只要你坚持得足够久，"坚持"就会慢慢变成"习惯"；原本需要费力去驱动的事情就成了家常便饭，原本下定决心才能开始的事情也变得理所当然；激励自己的不是励志语录心灵鸡汤，而是身边那些比自己优秀，还一直在努力前行的人！

生命中总有一段时光充满不安。除了勇敢面对，我们别无选择。人生从来不是规划出来的，而是一步步走出来的。勇敢去做自己喜欢的事情，哪怕每天只做一点点，时间一长，我们也会看到自己的成长。不管你想要怎样的生活，你都要去努力争取。

你要相信自己，拥有一路向前的勇气

[01]

世界上有一种人，叫作"优越狗"。他们总是认为自己比周围的人强，比别人牛，戴着有色眼镜去探视甚至俯视芸芸众生。

而这种优越感爆棚的人几乎都没有什么成就，五十步笑百步，身边多数也没有真心的朋友。

有些人承受着别人的看不起，把所有对于命运的不甘以及对于生活的种种渴望化作前行的动力。有个词叫忍辱负重，拿出勇气去承受生活中的委屈和别人指指点点的语气。

当然，也有些人在别人的看不起中早早地夭折，梦想也逐渐成为一种奢望。

毕竟，不是每个人都有韩信的胸怀。

但我们可以努力地成为像韩信一样的人，这么说不是让你闲来无事去承受别人对你的指指点点和看不起。有能力可以规避掉这样的事情固然是好事，但如果我们没有足够强大，而又不得不面对着生活中诸如此类的事情的时候，就应该在长长的时间里选择忍受，选择把委屈化作前行的动力。

天蚕土豆的《斗破苍穹》中有一句话，"三十年河东三十年河西，莫欺少年穷。"这句话也成为萧炎最终称霸斗气大陆的关键。凭借着不屈的意志和永不放弃的精神一次次把嘲笑他的人踩在脚下，逐步成为翱翔天地的雄鹰。

或许每个人都有过被人看不起的时候，有的人茁壮成长，有的人顺风投降。

成长的路上不怕遇到坎坎坷坷，最怕自暴自弃。

被他人看不起并不可怕，可怕的是你自己看不起你自己。

[02]

我的大学室友L是一个特别开朗的男生。与其说是特别开朗，不如说他特别能说会道。即使毫不相干的陌生人他也能十分钟和人聊到前世今生。

刚升入大学，第一次我们一起出去吃饭唱歌。他的热情让我这个向来内向的人有点难以接受，我只能嗯嗯啊啊地应付他。

大一的时候他是我们班的班长，大二的时候是学生会的副部长，大三的时候已经成了院学生会的部长。

我们院里所有的活动几乎全是经过他的手，后来别的院系再举办活动都邀请他去给人设计舞美。

我曾经和他开玩笑："咱们宿舍就靠你的这张嘴打天下了。"

我一直以为他的能说会道，善于交际的本领是天生的。他摇摇头告诉我，他有现在的改变只因为曾经被人看不起，说简单点，就是因为别人的一句话。曾经的他也是一个内向的人,见了别人都不敢大声说话。

那时候的他利用假期时间在一家婚庆公司里做场务的工作,帮人铺设场地,收拾东西。

有一次喜宴过后,他收拾红地毯,旁边的一位阿姨带着孩子从他的身旁走过,指着L对孩子说:"你以后一定要好好学习,不然以后就像他一样做下人的工作。"

L说,那个时候的他很想站起来给她一巴掌,但长久以来自卑懦弱的性格让他没有抬起手的勇气。说这话的人他认识,但是她并不认识他。

从那天以后L立志要做出改变。

你经历了长久一成不变的生活,一根稻草就可以让你的生活天翻地覆。

那天L回去以后,像谢文东一样站在镜子前对自己说,需要改变,以后不要被人看不起。区别是谢文东有刀,而他没有。

L学着在人群面前说话,学着与众人交流,每天告诉自己,如果你不努力,你就会沦为被人看不起的对象,永远被别人踩在脚下。

幸运的是L遇到一次契机。有次婚礼因为主持人迟迟未到,在现场焦急万分的时候L说:"让我试试吧。"

于是在全场人的惊讶中L主持了人生中的第一场婚礼。

从那次以后,L的人生发生了转折,开始主持婚礼,主持同学会,主持各种晚会。

L变得能说会道,变得善于交际,变成一个与以前完完全全相反的一个人。

L的改变全拜那一次的被人看不起所赐,像是格里菲斯的最后一分钟营救,使L的人生产生三百六十度的惊天逆转。

有时候被人看不起并不一定全是坏事,就看你是否愿意改变现在的生活,把怨气化为动力。

[03]

现在的L在家乡的小城利用自己的人脉做美食综艺自媒体，虽然刚刚起步，但也做得有声有色。

昨天L还给我发来了他做的节目的视频，请了小城里新闻节目的主持人，节目的播放量也呈增长趋势，大有一步步迈向小城里的第一家自媒体的趋势。

如果L在被别人看不起的时候选择了另一个方向呢？

如果选择了自暴自弃，选择宁愿憋屈着承受也不愿尝试着向前方迈出一步，结局肯定是沦为永远被人看不起的对象。

如果他自己也看不起自己，最好的结局应该就是在如湖水般的生活里将错就错地继续下去吧？

每个人都有选择生活的权利，无论哪种，平庸或得意，高兴或悲哀，看不起或更牛，最为重要的莫过于不要自己看不起自己。

L能够一步步走到今天，是因为他拿得出勇气，做得到改变，看得起自己，能够坚持下去。

而当初看不起L的那位阿姨，听L说还是每天疲于奔命，为了便宜几毛钱和人争得面红耳赤。最可笑的莫过于当L在小城里有了名气以后，她还请L去主持一场寿宴，被L果断回绝掉。

只有你能看得起自己，才能够拥有一路向前的勇气。

[04]

当那些比你厉害的人看不起你的时候，不要急于争辩。因为你根本没有发出自己心声的实力。

只有你能够看得起自己，不满足每天的现状，为了成为更牛的人而努力，才有化茧成蝶的那天。

　　看不起是一把双刃剑，可能成就你，也可能击垮你。

　　你是谁并不重要，重要的是未来你会成为什么样子。

　　当你没有足够实力的时候，收起你的委屈和不甘吧，只有你站到金字塔顶尖的时候你才能够拥有话语权，在这之前把别人的看不起全化作向前的动力吧。

　　因为你的强大就是对于那些看不起你的人最大的反驳，最响亮的巴掌。

　　最后送给大家一句话：三十年河东三十年河西，莫欺少年穷。

　　你相信自己是最优秀的，你就会是最优秀的。你相信你是最好的，总有一天你就会拥有最好的一切。时代变了，每个人都可以骄傲地追逐自己的梦想。

你若光明，这世界就不会黑暗。你若心怀希望，这世界就不会彻底绝望。若你不屈服，这世界又能把你怎样？

别忘了，绝望的背后是希望

我有个很好的朋友，暂且称她为L吧。L君和我毕业于同一所大学，毕业后我们一起来到北京，我们曾约定要一起在北京生活，做彼此北漂路上的战友，并在刚开始北漂的时候信誓旦旦地说未来总有一天我们会扎根在这里。但两年后她辞职回了老家，而我依然留在北京奋斗着。

毕业后的第一年，我们分别住在北京的东城和西城，距离上虽然远，但每逢周末，我们都会约到一起逛街吃饭，L君最常说的一句话就是：我感觉我的工作快做不下去了。那时候她经常抱怨公司的种种诟病，于是后来的两年时间里，L君换了不下4家公司，每一家公司她都可以找出她不喜欢的地方，然后找机会辞职。而在此期间我一直在同一家公司工作，所以两年后我已经有了一笔小数额的存款，而L君则因为频繁换工作导致还在过"月光族"的生活。

我曾问过她，留在北京对她是否是只许成功不许失败的，她说凭运气吧。如果实在不行，回老家也未尝不可。北漂第三年我换到了一家互联网公司工作，薪资翻倍，而此时的L君，也做好了回老家的准备。后来临别时我们一起吃了饭，她感慨地说很羡慕我，认为我比她幸运。

我笑着祝福她小城生活一切安好，但内心却感到，其实L君并不差，她跟我的唯一区别就在于她给自己留了后路，认为自己如果失败，还可以有退路。而我在来北京的那一天就断了自己的后路，扎根北京对我来说是只许成功不许失败的，所以我朝着目标一路狂奔，也就造就了三年后我和L君的两种结果。后来我们在网上聊过几次，L君说她很后悔，因为已经习惯了北京的快节奏，回小城后才发现那种生活并不是她想要的。

无独有偶，L君的故事让我想起了另一位朋友Z。他曾给我讲过他考研的经历。大三的时候老师宣布接下来的日子他们有两种选择：第一是做考研准备，第二是出去找工作。于是班里同学分为两批人，其中找工作的就开始投简历，而决定考研的人又分为两类：一类是抱着必胜的决心考研，另一种是试试看，如果考不上，再去找工作。

Z说当时他想的是必须考上，如果考不上，也不去找工作，他会次年继续考，于是为了不再浪费一年的时间，考研期间他是拼尽了全力。当时他们在图书馆复习，去晚了就没座，宿舍楼早上5点开门，当时认真复习考研的同学会在开门前就在楼道抱着书等着，宿管阿姨楼门一开，这群人会像百米冲刺一样奔向图书馆。我想当时宿舍的大门，也许在这群人心中就是通往心仪学校的一道希望之门吧！

再后来Z为了复习，和另外几个同学在校外租了一个两居室，其中有两位同学每天看一会儿书就去打游戏，而Z那段时间强制自己不碰电脑，只专心看书。于是4个月后，Z拿到了自己想要的结果，被北京一家高校录取，而那些一边复习一边打游戏的同学，都在成绩下来后后悔没有好好复习。当时有些人甚至只考了一门就放弃了后面的考试，据Z回忆，那个时候因为错过了应届毕业生最佳的找工作时间，所以几位没考上的同学基本都没找到心仪的工作，大多选择了次年继续考研。

研究生毕业后，Z顺利在一家知名互联网公司找到实习工作，当时他的想法是，必须拼尽全力学习工作内容，好在实习期结束留在这家公司。于是实习期间公司规定每周上够4天班即可，但Z却每周上满5天，甚至周末也来公司加班学习。大约两周后，公司宣布本年度可能没有转正的名额，这也曾让Z一度失望过。但不久他又振作起来了，想着公司只是说可能没有名额，而自己的初衷是为了学习岗位知识，即使最终留不下，相信通过这段时间的学习，去其他公司找工作也应该是不难的。于是他依然按照之前的计划学习工作着，而另外2个实习生听说没有名额后，每周都借着参加校招的名义不来公司。眼看着半年实习期将满，Z也开始着手写简历了，但突然有一天收到HR（人力资源部门）的邮件，告知他被公司录用了。

Z很欣喜，但又不明白为什么，于是办理转正手续的时候，就借机会问了HR，HR只笑着对他说了一句话：You deserve it！（这是你应得的！）

事后据Z的领导说，当年公司只有一个录取名额，各组都在争，但最终还是决定留下Z，因为他平日里的表现，大家都看在眼里了。Z跟我聊这件事的时候，笑着说感谢当时的自己定位于学习岗位知识，没有像其他实习生那样，想着留不下就立马懈怠。

有人说：不论任何时候，都要给自己留一条后路。但在我看来，在做许多事情之前，应该先断了自己的后路，因为一旦你给自己留了退路，就会潜藏着懈怠和自我安慰。绝望的背后是希望，当你确定一件事时，请确立一个目标，告诉自己只许成功，不许失败。或许只有背水一战，才能真正获得成功。只有不留退路，在绝望中寻找希望，才可以赢得你想要的出路！

有些话说与不说都是伤害，有些人留与不留都会离开，如果你感到委屈，证明你还有底线。如果你感到迷茫，证明你还有追求。如果你感到痛苦，证明你还有力气。如果你感到绝望，证明你还有希望。从某种意义上，你永远都不会被打倒，因为你还有你。